东京制果名师的

曲奇和水果挞

〔日〕若山曜子 著　　杨彩群 译

红星电子音像出版社

前言

当我说“其实我并不擅长做曲奇”时，很多人感到非常惊讶。也许大多数人初次做的点心就是曲奇，所以曲奇给人留下了容易做的印象。每当我在人气甜品店吃到美味的曲奇时，都会懊恼自己技不如人，不断思量如何才能做出更好吃的曲奇。面粉、油、砂糖如何配比才达到最佳效果？

以看上去比曲奇更难制作的挞为例，借助挞上摆放的各种食材提升口感，就能做出好看又好吃的挞，对于我来说制作挞更得心应手。

但是，我在试做这本书中介绍的曲奇时，打消了之前不自信的想法。一一试吃烤好的曲奇，就会发现原来每一款曲奇都如此美味。

基础的黄油曲奇，将黄油的风味发挥到极致，酥松可口；鲜奶油曲奇，吃到最后满口奶香；植物油曲奇，搭配巧克力、椰蓉、生姜这些有特色的配料，味道独特。每款曲奇都个性十足、味道醇厚、美味可口。如果你学会做曲奇面团，自然就能做出豪华的无模具挞。

在这些我认为美味的甜点配方中，你最钟意哪个呢？实际操作的时候，可以结合个人喜好改变配方，说不定会因此创造出全新口味的曲奇，想到这里，你的内心是不是也激动起来了？

不同的食材、不同的配方、不同的制作者，制作出的曲奇味道都会不同，美味的标准也因人而异。众口称赞的美味才是真正的美味。从制作简单的曲奇开始，享受烘焙的乐趣吧。

若山曜子

Contents

Cookie and Tart

第1章 用黄油制作／基础的曲奇和无模具挞

第2章 用黄油制作／各种曲奇和无模具挞

第3章 用植物油制作 / 各种曲奇和无模具挞

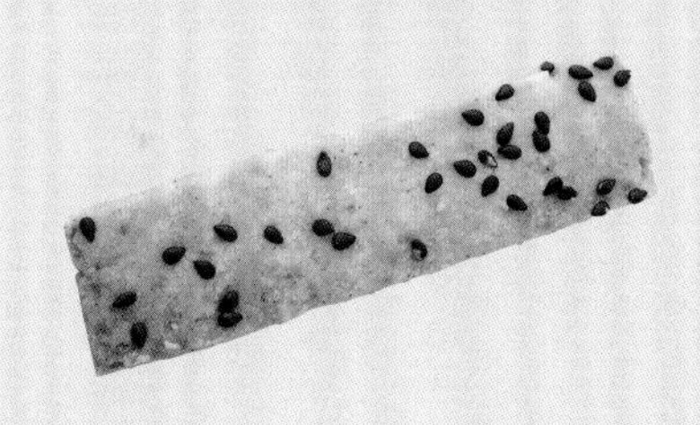

【本书的规定】

◎1大匙等于15mL，1小匙等于5mL。
◎鸡蛋选用中等大小（净重50g）。
◎1小撮指的是大拇指、食指、中指3根手指捏在一起撮取的量。
◎使用燃气烤箱时，烘烤温度在食谱基础上调低10℃。
◎烤箱提前预热至设定温度，烘烤时间依烤箱热源、烤箱种类不同而略有差异。参考食谱中的烘烤时间，观察上色情况，自行调整。

第1章

用黄油制作/

基础的曲奇和无模具挞

从朴素的黄油曲奇，到花式奶油奶酪曲奇，用熔化黄油可以轻松制作出许多甜点。我的食谱中砂糖加入的量偏少，所以甜度适中。白砂糖的颗粒感比较明显，糖粉则细腻轻盈，所以我偏爱用糖粉。刚烤好的甜点味美香甜，令人欲罢不能。

Basic

1 基础的曲奇

混合黄油和砂糖就能做出最基础的曲奇。制作此款曲奇的关键在于使用糖粉，它能让曲奇松脆可口。由于黄油的用量较多，揉搓面团时容易粘手，建议制作前先将面团放入冰箱里冷藏一段时间。

材料（直径3.5cm的曲奇35个份）

低筋面粉…………………………… 150g

黄油（无盐）……………………… 100g

糖粉………………………………… 50g

蛋液…………………………… 1/2个份

装饰用细砂糖……………………… 50g

提前准备

- 黄油放在室温下软化。
- 油纸平铺在烤盘上。
- 烤箱预热至170℃。

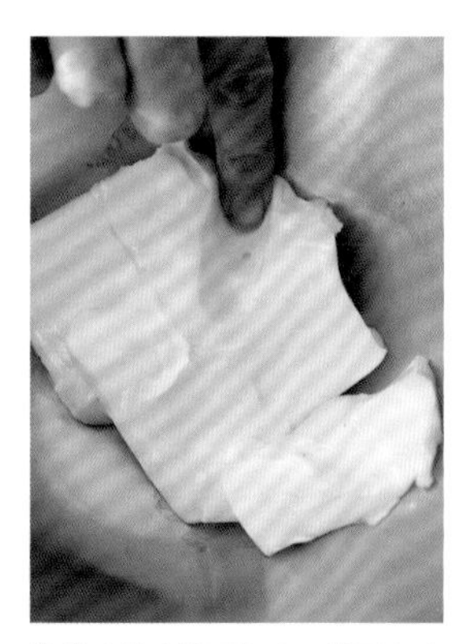

将黄油从冰箱里取出，放置在室温下软化，用手指轻轻按一下，若黄油表面向下凹陷，说明软化成功。天气寒冷时，也可以将黄油放进微波炉（600w）里加热10秒左右。

❶ 搅拌黄油和糖粉

将软化好的黄油放入碗中，用硅胶刮刀搅拌成奶油状，加入糖粉，继续搅拌均匀。

搅拌至糖粉与黄油融为一体。

＊难以融合时，建议用硅胶刮刀一边按压一边搅拌。

❷ 倒入蛋液

一次性倒入全部蛋液。

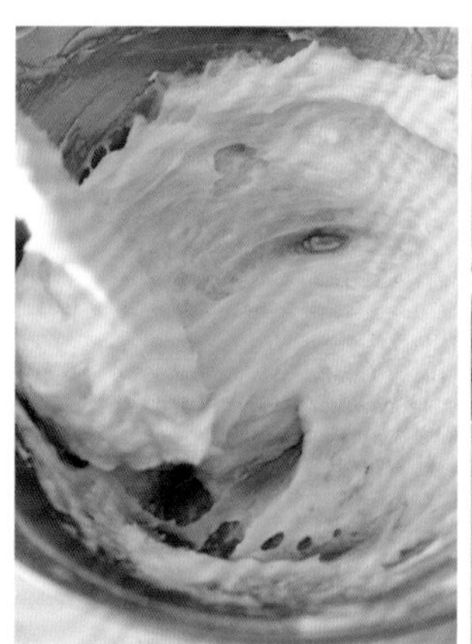

搅拌，直至混合均匀。

＊起初很难混合，但是不要担心，耐心一点，很快便会混合均匀。

❸ 加入面粉

筛入低筋面粉。

用硅胶刮刀切拌均匀。硅胶刮刀先纵向切入。

＊注意不要画圈搅拌，不然曲奇的口感会变硬，不够酥松。

❹ 搓圆烘烤

从底部向上掀起面粉翻拌，如此反复操作。

切拌至没有干面粉，面团便制作完成了。

取少量面团用手搓成直径2.5cm的面球。

＊如果面团粘手，可以在手上抹少量低筋面粉（配方外），也可以用保鲜膜包裹面团，放在冰箱里冷藏15分钟以上。

面球裹上细砂糖，互相之间留好空隙，并排摆放在烤盘上。

＊将细砂糖平铺在平底方盘中，晃动平底方盘，让细砂糖均匀裹在面球上。

手指轻轻按压面球，让面球受热更均匀。

放入170℃的烤箱中，烘烤12~15分钟，直至上色。

当曲奇背面上色后，烘烤完成。将烤好的曲奇放在铁丝散热网上冷却。

Basic

2 基础的黄油曲奇

使用少量熔化黄油制作而成的曲奇，做法简单，一口酥到骨子里。配方中蛋液的用量较多，口感更加柔韧。用熔化黄油制作面糊，会散发出焦糖一样的香气，放入坚果口感更赞哦。

材料（直径4cm的曲奇20个份）

| 低筋面粉………………………… 100g
| 泡打粉……………………… 1小撮

黄油（无盐）……………………… 60g

糖粉……………………………… 50g

蛋液…………………………… 1/2个份

核桃……………………………… 30g

提前准备

- 黄油切成2cm见方的小块。
- 核桃用手掰成两半或4等份。
- 油纸平铺在烤盘上。
- 烤箱预热至180℃。

❶ 充分搅拌化开的黄油和糖粉

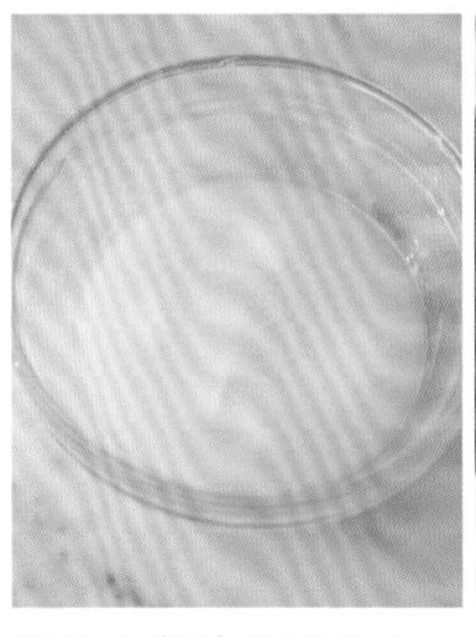

将装有黄油的耐热容器放入微波炉（600W）中加热30秒，使黄油熔化。

＊为了保留黄油原有的味道，加热时不需要完全化开，利用余热熔化黄油即可。

将化开的黄油倒入碗中，加入糖粉，用手动打蛋器搅拌均匀。

＊搅拌至糖粉完全化开，与黄油融为一体。

❷ 倒入蛋液

一次性倒入全部蛋液，搅拌均匀。

❸ 加入面粉

筛入低筋面粉和泡打粉。

用硅胶刮刀切拌均匀。

＊注意不要画圈搅拌，不然曲奇的口感会变硬，不够酥松。

切拌至没有干面粉时，加入核桃，继续切拌均匀。

❹ 用勺子盛取面糊烘烤

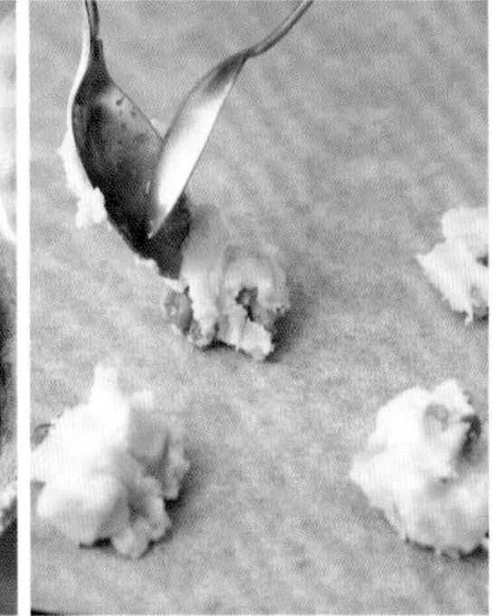

用2把勺子盛取20等份面糊置于烤盘上，面糊之间留有空隙。用手指轻轻按压面糊。

＊按压是为了烘烤时面糊受热均匀。

放入180℃的烤箱中，烘烤大约15分钟，直至上色。将烤好的曲奇放在铁丝散热网上冷却。

基础的鲜奶油曲奇

使用鲜奶油和蛋白制作而成的猫舌饼干风味曲奇。不仅口感清脆，还能品尝到鲜奶油特有的奶香味。为了去除鲜奶油中的水分，需要烤制较长时间，待曲奇边缘上色，中间仍呈白色时，就烤好了。

材料（直径4cm的曲奇20个份）

低筋面粉…………………………… 50g
鲜奶油…………………………… 50mL*
细砂糖…………………………… 30g
蛋白…………………………… 1个份

*推荐选用乳脂肪含量45%以上的鲜奶油。

提前准备

· 油纸平铺在烤盘上。
· 烤箱预热至170℃。

❶ 混合鲜奶油和细砂糖

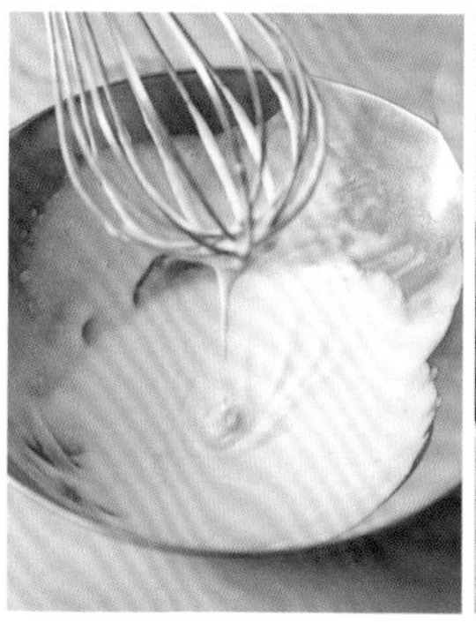

将鲜奶油和细砂糖倒入碗中，充分搅拌直至轻微起泡。

*因为搅拌时混入了空气，烘烤后口感酥软。

❷ 依次加入蛋白、面粉

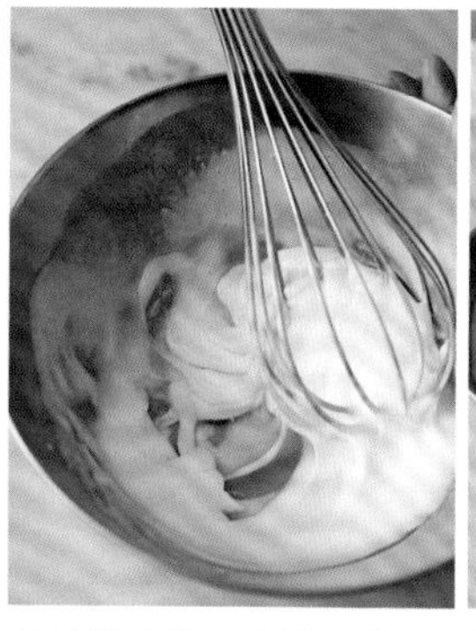

奶油糊中加入蛋白，轻轻搅拌至充分融合。

筛入低筋面粉。

用硅胶刮刀切拌均匀。

切拌至没有干面粉，表面均匀顺滑，面糊便制作完成了。

❸ 用勺子盛取面糊烘烤

盛取约1小勺的面糊，舀至烤盘上，面糊之间需要留一定的空隙。

*烘烤时面糊会膨胀，所以要保留一定空隙。

用手指将面糊摊成直径4cm的小面饼。

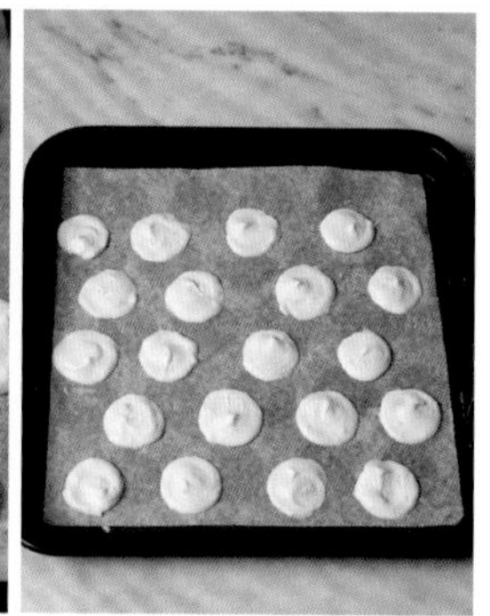

放入170℃的烤箱中，烘烤20~25分钟，直至曲奇边缘上色。在烤箱内放置冷却。

*新鲜出炉的曲奇比较软，容易变潮，需放入冰箱中冷藏，或者连同干燥剂一起放在密闭容器中保存。

Basic

4

基础的奶油奶酪曲奇

用裱花袋挤出的花式曲奇带有奶油奶酪的酸味和隐隐约约的咸味。我不擅长挤花，挤花时使用了较大的星形花嘴，烤好的曲奇可能有些开裂，不过形状还算可爱。不用裱花工具，直接用勺子盛取面糊，舀放在烤盘上烘烤，味道也一样美味。

材料（直径4cm的曲奇33个份）

低筋面粉	180g
泡打粉	1/2 小匙
奶油奶酪	50g
黄油（无盐）	120g
糖粉	80g
蛋液	1/2个份

提前准备

- 奶油奶酪和黄油放在室温下软化。
- 油纸平铺在烤盘上。
- 烤箱预热至170℃。

❶ 充分搅拌奶油奶酪、黄油和糖粉

将软化好的奶油奶酪和黄油放入碗中，用硅胶刮刀搅拌成奶油状，加入糖粉，继续搅拌均匀。

搅拌至糖粉完全化开，与奶油奶酪、黄油融为一体。

＊难以融合时，建议用硅胶刮刀一边按压一边搅拌。

❷ 倒入蛋液

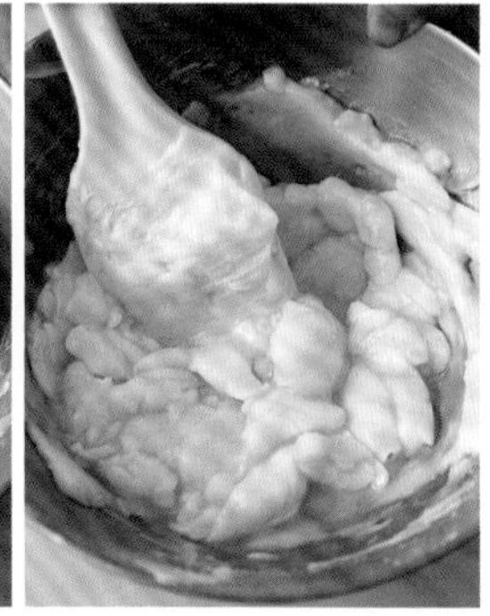

一次性倒入全部蛋液，搅拌均匀。

＊起初很难混合，但是不用担心，耐心一点，很快便会混合均匀。

❸ 加入面粉

筛入低筋面粉和泡打粉，用硅胶刮刀切拌均匀。

＊注意不要画圈搅拌，不然曲奇的口感会变硬，不够酥松。

切拌至没有干面粉，面糊便制作完成了。

❹ 挤花烘烤

将直径15mm的星形花嘴装入裱花袋中，翻折袋口1/3处，放入面糊，拧紧袋口。

＊裱花的技巧在于提前将靠近裱花嘴的裱花袋塞入裱花嘴中（参照p49）。

在烤盘上挤出直径3.5cm的面饼，面饼之间留出一定的空隙。

＊如果面糊偏硬不好挤，可以用手的温度软化面糊，这样就很容易挤出了。

放入170℃的烤箱中，烘烤15~20分钟，直至曲奇变成焦黄色。将烤好的曲奇放在铁丝散热网上冷却。

＊用2个烤盘分开烘烤。

Basic

5 基础的无模具黄油挞（苹果挞）

黄油挞的挞皮与曲奇类似，直接吃就很美味。放上苹果片烘烤，鲜美多汁。不需要使用模具，即便是新手也能轻松制作。面团可以在冰箱中冷冻保存2周、冷藏保存2~3天，提前做好，随取随用非常方便。

材料（直径22cm的挞1个份）

| 低筋面粉………………………… 150g
| 盐……………………………… 1小撮

黄油（无盐）……………………… 75g

糖粉………………………………… 30g

蛋黄……………………………… 1个份*

苹果（最好用红玉苹果）

…………………………… 1个（200g）

装饰用细砂糖…………………… 2大匙

＊或者蛋液 1/2 个份。

提前准备

· 黄油放在室温下软化。

· 油纸剪成适合烤盘的大小。

❶ 依次混合黄油、糖粉和蛋黄

将软化好的黄油倒入碗中，用硅胶刮刀搅拌成奶油状，加入糖粉，继续搅拌均匀。倒入蛋黄。

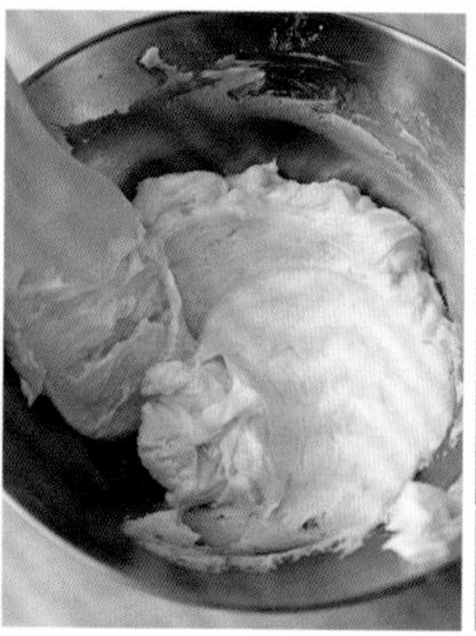

充分搅拌，直至混合均匀。

❷ 加入面粉

筛入低筋面粉和盐，用硅胶刮刀切拌均匀。

＊切拌至没有干面粉残留，过度切拌，会使成品口感偏硬。

❸ 松弛面团

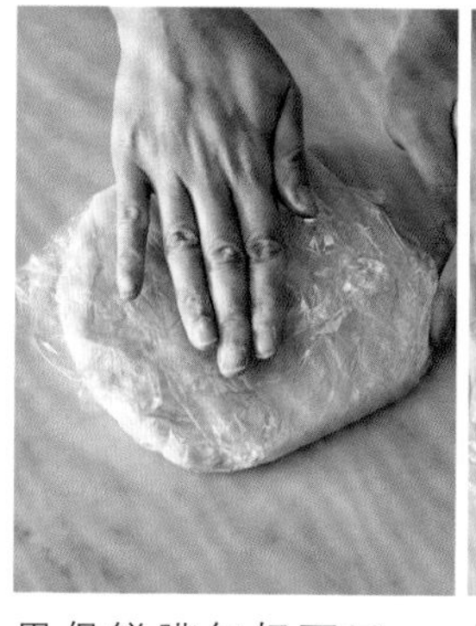

用保鲜膜包好面团，再用手将面团按压成直径 15cm 左右的圆形面饼，放入冰箱中冷藏 30 分钟以上。

＊松弛后的面饼既不粘手，也容易拉伸。也可以放在冰箱里冷冻 15 分钟。

❹ 将面饼擀成面皮，放上苹果

烤箱预热至 190℃。用 2 片保鲜膜上下包住面饼，用擀面杖将面饼擀成直径 26cm（厚 3mm）的圆形面皮。

＊如果面饼依然粘手，可以放进冰箱里冷冻 5 分钟（或者冷藏 30 分钟以上）。

面皮表面盖上油纸，上下翻转，使油纸位于下面。用叉子在面皮上轻轻戳孔，苹果带皮切成厚 5mm 的片，由外向内摆放。

＊将小块苹果置于内侧，成品看起来更美观。

将面皮边缘向内侧折叠 2cm，稍稍向上提起，弯出漂亮的曲线，让边缘更美观。

＊如果面皮粘手，可以在手上抹点面粉（配方量之外的低筋面粉）。

❺ 烘烤

撒上 1½ 大匙细砂糖，连同油纸一起放进烤盘。将烤盘放入 190℃ 的烤箱中，烘烤 20 分钟左右，直至变成焦黄色。烘烤完成后撒上剩余的细砂糖。

第2章

用黄油制作/ 各种曲奇和无模具挞

本章将向大家介绍5种基础的曲奇面团，什么都不加直接烘烤就很美味，如果搭配各种材料，便能享受到多变的味道。既有加入燕麦和姜粉的英国风曲奇、法国经典杏仁瓦片，也有极具人气的烤蛋白酥。

1.
肉桂糖曲奇

口中满满的肉桂香气，吃一口就会上瘾的曲奇。建议曲奇烤好后趁热裹上肉桂糖。

制作方法⇒p24

2.
咖啡坚果曲奇

面团中加入了咖啡豆，一口咬下去酥酥脆脆。烘烤前将核桃轻按进面团里，避免烘烤时核桃脱落。

制作方法⇒p25

3.
燕麦片曲奇

使用熔化黄油制作而成的曲奇，做法简单，是英国家庭的必备甜点。加入了黄油的面团烤好后口感酥松，燕麦片嚼起来香酥可口，枫糖浆则散发着浓郁的香气。

制作方法⇒ p26

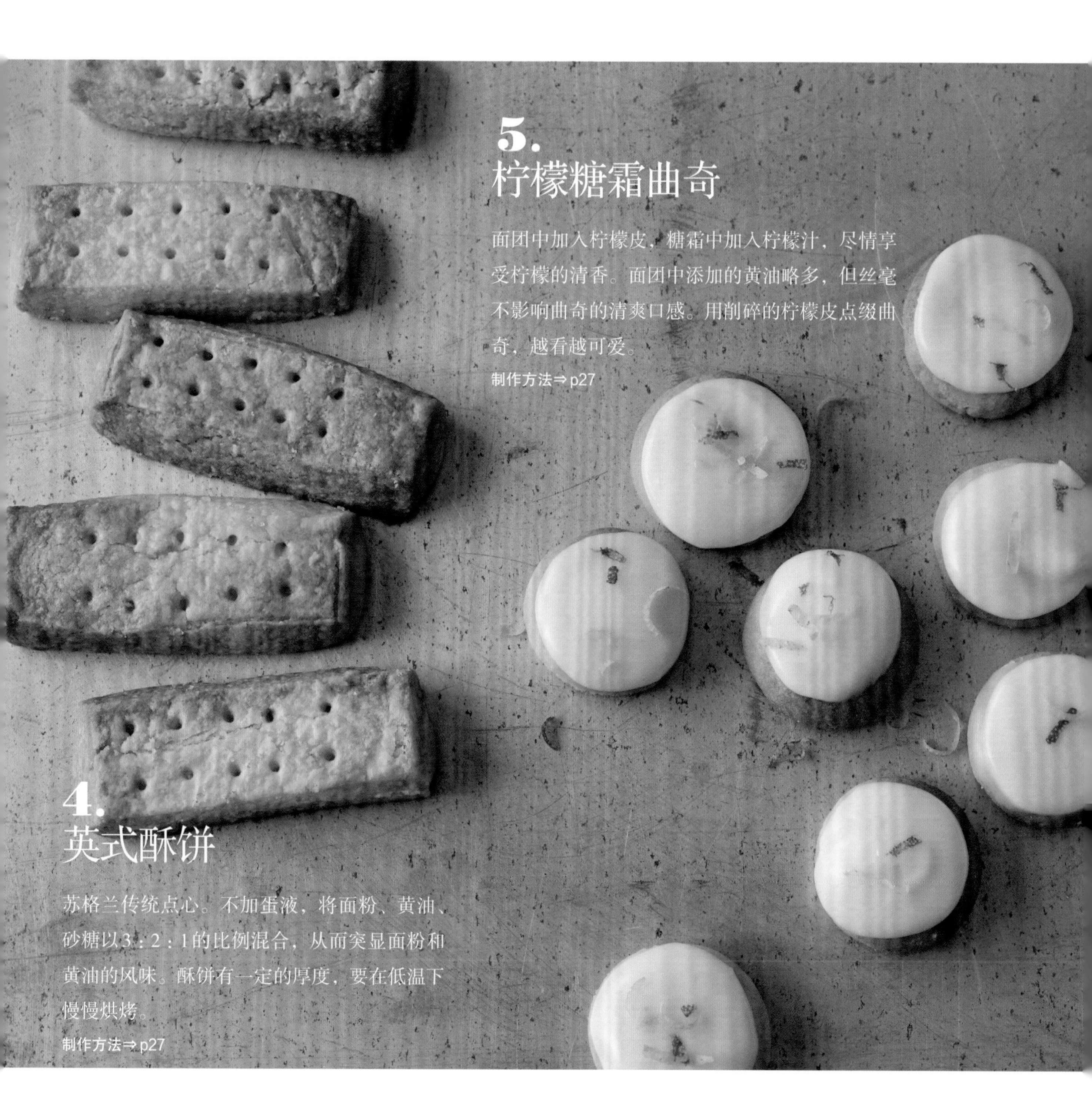

5.
柠檬糖霜曲奇

面团中加入柠檬皮，糖霜中加入柠檬汁，尽情享受柠檬的清香。面团中添加的黄油略多，但丝毫不影响曲奇的清爽口感。用削碎的柠檬皮点缀曲奇，越看越可爱。

制作方法⇒p27

4.
英式酥饼

苏格兰传统点心。不加蛋液，将面粉、黄油、砂糖以3：2：1的比例混合，从而突显面粉和黄油的风味。酥饼有一定的厚度，要在低温下慢慢烘烤。

制作方法⇒p27

6.
姜饼

英国非常流行的姜味曲奇。由于使用了小苏打，吃起来有沙沙感。把姜的风味融入糖浆里，那味道真是令人怀念啊。我喜欢这种简单的味道。

制作方法⇒p28

7.
巧克力棉花糖曲奇

改良版美式曲奇。棉花糖烤得刚刚好，十分美味。化开的的巧克力将蓬松的棉花糖和酥脆的曲奇合二为一。

制作方法⇒p28

8.
炼乳抹茶大理石曲奇

抹茶面团味道浓郁，加了炼乳的白色面团味道微甜，将2种面团揉在一起，就能做出味道可口的曲奇了。拧扭揉好的面团是制作大理石花纹的诀窍。烤好的曲奇虽然上色不深，但颜色清新、可爱。

制作方法⇒p29

1. 肉桂糖曲奇 基础

材料（直径3.5cm的曲奇35个份）

低筋面粉…………………………… 150g
黄油（无盐）…………………… 100g
糖粉………………………………… 50g
蛋液…………………………… 1/2个份
【肉桂糖】
细砂糖…………………………… 100g
肉桂粉……………………………1小匙

提前准备

· 黄油放在室温下软化。
· 油纸平铺在烤盘上。
· 烤箱预热至170℃。

做法

❶ 将软化好的黄油放入碗中，加入糖粉，用硅胶刮刀搅拌均匀，倒入蛋液，继续搅拌至顺滑。

❷ 筛入低筋面粉，用硅胶刮刀切拌至没有干面粉。

❸ 将面团揉搓成直径 2.5cm 的面球，并排摆放在烤盘上，用手指轻轻按压，放入 170℃的烤箱中，烘烤 12~15 分钟。趁热裹上事先配制好的肉桂糖。

将细砂糖和肉桂粉充分混合，待曲奇烤好后，趁热裹上肉桂糖。肉桂糖铺在平底方盘里，晃动方盘，就能将肉桂糖裹在曲奇上了。与其将肉桂粉混合在面团中，不如待曲奇烤好后裹在曲奇表面，这样味道会更好。

2. 咖啡坚果曲奇 基础

材料（直径3.5cm的曲奇35~36个份）

低筋面粉…………………………140g
黄油（无盐）……………………100g
蔗糖………………………………50g
蛋液………………………………1/2个份
咖啡豆（细研磨）………………1/2大匙
核桃………………………………70g

提前准备

- 黄油放在室温下软化。
- 核桃用手掰成两半。
- 油纸平铺在烤盘上。
- 烤箱预热至170℃。

做法

❶ 将软化好的黄油倒入碗中，加入蔗糖，用硅胶刮刀搅拌均匀，倒入蛋液，继续搅拌至顺滑。

❷ 筛入低筋面粉，用硅胶刮刀切拌至没有干面粉，将咖啡豆磨成粉加入其中，继续切拌。

❸ 将面团揉搓成直径 2.5cm 的面球，并排摆放在烤盘上，每个面球上放半颗核桃，用手指轻轻按压进面球中，放入 170℃的烤箱中，烘烤 12~15 分钟。

＊如果没有咖啡豆，可以将 1 大匙速溶咖啡粉溶于 1/2 大匙热水中，在加入现磨咖啡粉的时间点加入速溶咖啡液，搅拌出大理石花纹，然后烘烤。

咖啡豆磨成粉加入面团中，面团立刻就会散发出香味，而咖啡的清苦味也会随之蔓延。如果没有咖啡豆，可以将速溶咖啡粉溶在热水中代替。

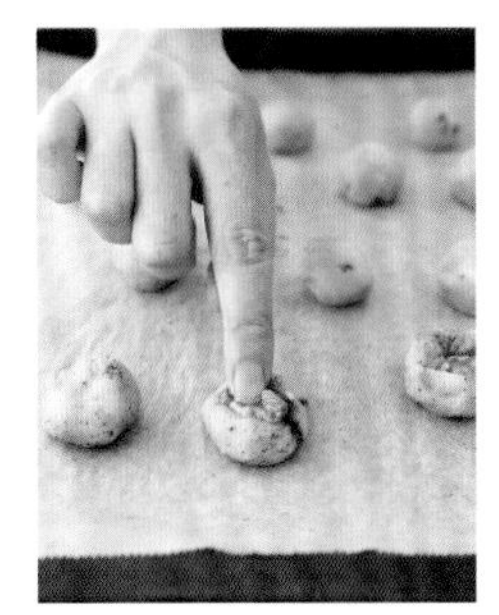

将面团搓圆摆放在烤盘上，每个面球上方放半颗核桃，用手指按压进面球中。这样烘烤完成后，核桃便可以固定在曲奇上。

3. 燕麦片曲奇 熔化黄油

材料（直径5cm的曲奇22个份）

燕麦片……………………………… 90g
　低筋面粉…………………………… 50g
　泡打粉……………………… 1/2 小匙
黄油（无盐）……………………… 60g
黄砂糖（或者蔗糖）……………… 50g
枫糖浆…………………………… 2大匙

提前准备

· 黄油切成2cm见方的小块。
· 油纸平铺在烤盘上。
· 烤箱预热至190℃。

做法

❶ 将黄油、黄砂糖、枫糖浆放入耐热容器中，再将耐热容器放进微波炉(600W)加热40秒。

❷ 将❶倒入碗中，加入燕麦片，筛入低筋面粉、泡打粉，用硅胶刮刀充分切拌至没有干面粉。

❸ 用勺子盛取面团放在烤盘上，将每个小面团整理成直径5cm的小面饼。将烤盘放入190℃的烤箱中，烘烤12分钟左右。

燕麦片是将燕麦（麦子的一种）压扁后干燥而成。吃起来有沙沙感，口感独特。

黄砂糖味道浓郁，富含多种矿物质。可以搭配香焦等水果。有了黄砂糖，即使用料简单也能烘烤出美味的曲奇。如果没有黄砂糖，也可以用蔗糖代替。

4. 英式酥饼 基础

材料（2.5cm×7cm的酥饼10个份）

- 低筋面粉 …… 100g
- 高筋面粉（可用低筋面粉代替） …… 50g
- 盐 …… 1小撮
- 黄油（无盐） …… 100g
- 细砂糖 …… 50g

提前准备

- 黄油放在室温下软化。
- 油纸剪成适合烤盘的大小。

做法

❶ 将软化好的黄油放入碗中，加入细砂糖，用硅胶刮刀搅拌均匀，筛入低筋面粉、高筋面粉、盐，切拌至没有干面粉。

❷ 取2张保鲜膜上下包住面团，用擀面杖将面团擀成长15cm、宽12cm（厚1.5cm）的方形面饼，包着保鲜膜，放入冰箱冷藏30~60分钟。

❸ 烤箱预热至160℃。将面饼放在油纸上，用刀切齐四边，再切成10等块（a），用牙签在每个小面块上戳10个孔。连同油纸一起放入烤盘，面块之间留出一定空隙，将烤盘放入160℃的烤箱中，烘烤30分钟左右。

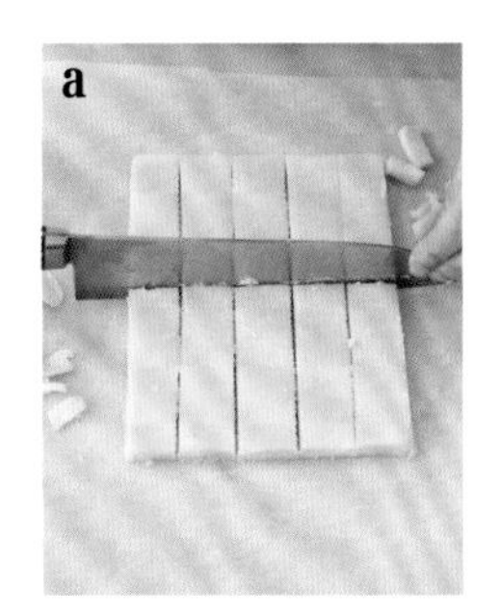
a

5. 柠檬糖霜曲奇 基础

材料（直径3.5cm的曲奇35个份）

- 低筋面粉 …… 150g
- 黄油（无盐） …… 100g
- 糖粉 …… 50g
- 蛋液 …… 1/2个份
- 柠檬皮碎（选择未打蜡的柠檬） …… 1/2个份

【柠檬糖霜】

- 糖粉 …… 50g
- 柠檬汁 …… 2小匙

提前准备

- 黄油放在室温下软化。
- 油纸平铺在烤盘上。
- 烤箱预热至170℃。

做法

❶ 将软化好的黄油放入碗中，加入糖粉，用硅胶刮刀搅拌均匀，倒入蛋液，搅拌均匀。

❷ 筛入低筋面粉，用硅胶刮刀切拌至没有干面粉，加入柠檬皮碎，搅拌均匀。

❸ 将面团搓揉成直径2.5cm的面球，并排摆放在烤盘上，用手指轻轻按压，放入170℃的烤箱中，烘烤12~15分钟。

❹ 制作柠檬糖霜。将糖粉放入小的容器中，倒入柠檬汁，用勺子不停搅拌，直至变成浓稠的糊状（a）。将做好的柠檬糖霜涂抹在冷却的曲奇上，也可以多削一些柠檬皮作装饰。

a

6. 姜饼 熔化黄油

材料（直径5cm的姜饼12个份）

低筋面粉…………………………100g
小苏打（或者泡打粉）……1/3 小匙
黄油（无盐）…………………………40g
黄砂糖（或者蔗糖）…………………30g
蜂蜜……………………………………30g

【姜糖浆】

姜……………………… 2块（净重20g）
黄砂糖（或者蔗糖）………… 1/2大匙
水…………………………………3大匙

提前准备

- 黄油切成2cm见方的小块。
- 油纸平铺在烤盘上。
- 烤箱预热至180℃。

做法

❶ 制作姜糖浆。姜去皮切碎，与黄砂糖、水一起放入小锅中，用中火煮5分钟左右，直至收干水分。关火，加入黄油、黄砂糖、蜂蜜，用硅胶刮刀搅拌至完全融合（a）。

❷ 将❶倒入碗中，筛入低筋面粉、小苏打，用硅胶刮刀切拌至没有干面粉。

❸ 面团分成12等份，先揉搓成面球，再轻轻按压成直径4cm的面饼，并排摆放在烤盘上，将烤盘放入180℃的烤箱中，烘烤15分钟左右。

在铜锣烧、荞麦面中加入小苏打能起到发酵的作用，而在甜点中加入小苏打会让烤色更深，还能增添焦糖般的苦味，让人眷恋。

7. 巧克力棉花糖曲奇 基础

材料（直径3cm的曲奇35个份）

低筋面粉…………………………130g
可可粉……………………………10g
黄油（无盐）……………………100g
糖粉………………………………50g
蛋液……………………………1/2个
板状巧克力……………… 1板（50g）
棉花糖…………… 小的35个（约20g）

提前准备

- 黄油放在室温下软化。
- 巧克力掰成7~8mm小块。
- 油纸剪成适合烤盘的大小。

做法

❶ 将软化好的黄油放入碗中，加入糖粉，用硅胶刮刀搅拌均匀，倒入蛋液，继续搅拌至顺滑。

❷ 筛入低筋面粉和可可粉，用硅胶刮刀切拌至没有干面粉。

❸ 将面团揉搓成直径2.5cm的面球，并排摆放在油纸上，用拇指在面球中间按出小坑，放入冰箱里冷藏30分钟以上（或者冷冻10分钟）。

❹ 烤箱预热至180℃。面球连同油纸一起放进烤盘，将烤盘放入180℃的烤箱中，烘烤10分钟左右取出，在小坑里依次放上巧克力、棉花糖（a），再放入烤箱烘烤5分钟左右。

8. 炼乳抹茶大理石曲奇 基础

材料（直径3cm的曲奇46个份）

【炼乳面团】

低筋面粉……………………………… 75g
黄油（无盐）………………………… 40g
糖粉………………………………… 40g
蛋液……………………………… 1/4个份
加糖炼乳……………………… 1/2大匙

【抹茶面团】

低筋面粉…………………………… 70g
抹茶…………………………… 2 小匙
黄油（无盐）………………………… 40g
糖粉………………………………… 40g
蛋液……………………………… 1/4个份

提前准备

- 黄油放在室温下软化。
- 油纸平铺在烤盘上。

做法

❶ 制作炼乳面团。将软化好的黄油放入碗中，加入糖粉，用硅胶刮刀搅拌均匀，倒入蛋液和炼乳，继续搅拌至完全融合。

❷ 筛入低筋面粉，用硅胶刮刀切拌至没有干面粉。

❸ 用同样的方法制作抹茶面团（将炼乳换成抹茶与低筋面粉）。将抹茶面团分成5等份，放在炼乳面团上（a），轻轻揉捏（b）。台面上撒少量面粉（配方量之外的低筋面粉），将面团揉搓成直径2.5cm的面棒（c），用保鲜膜包好（d），放在冰箱里冷藏30分钟以上（或者冷冻10分钟）。

❹ 烤箱预热至170℃。将面棒切成厚7~8mm的面饼，并排摆放在烤盘上，放入170℃的烤箱中，烘烤12~15分钟。

a

b

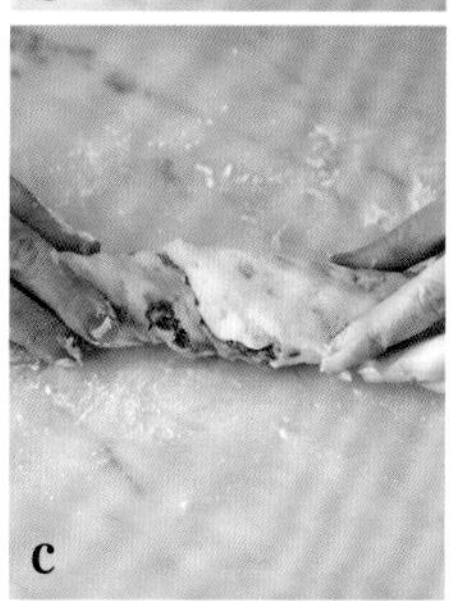
c

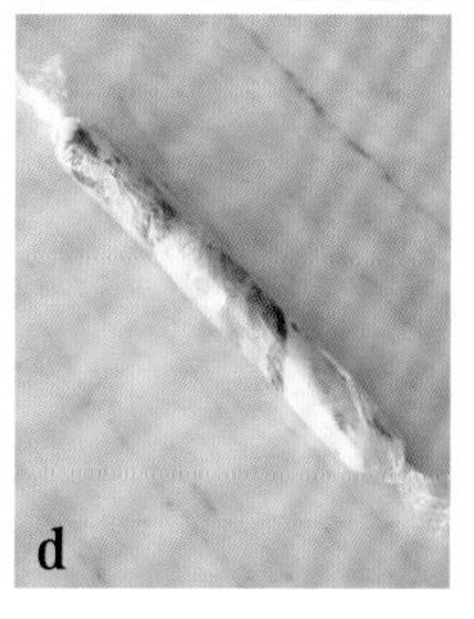
d

9.
咖啡巧克力夹心曲奇

面团中混入咖啡和枫糖浆，味道丰富而优雅。趁热夹入巧克力，熔化的巧克力与曲奇相映成趣，十分和谐。

制作方法⇒p36

10.
柠檬奇亚籽曲奇

奶油奶酪面团中加入柠檬皮碎与奇亚籽，再倒入1小匙柠檬汁，味道更好哦。稍微延长烘烤时间，成品会更酥脆可口。

制作方法⇒p36

11.
果酱玫瑰曲奇

在花式面饼中间舀上2种果酱，烤好的曲奇看起来就像玫瑰花一样漂亮。奶油奶酪的醇香和果酱的酸味在口中融合。用小面块堵住面饼中间的洞，果酱就不会流出去了。

制作方法⇒ p37

12.
杏仁瓦片

形似瓦片的烤制点心。像蕾丝花边一样纤细，可以放在冰激凌上食用。加入橙汁使成品富有光泽。在擀面杖上弯出造型，看起来更地道。

制作方法⇒ p38

13.
朗姆香料曲奇

在甜度适中的面团中加入朗姆酒，烤好后趁热裹上厚厚的糖粉。放凉的曲奇仿佛穿上了一件糖衣。加入玉米淀粉，口感酥松。用肉桂制作这款曲奇也很美味。

制作方法⇒ p38

15.
格雷伯爵茶曲奇

面团中加入大量格雷伯爵茶茶叶，烤好的曲奇香气浓郁。鲜奶油面团奶味十足，人人称赞。

制作方法⇒p39

14.
巧克力猫舌曲奇

在猫舌曲奇上涂抹自制的巧克力酱，一款深受大家喜爱的曲奇。用鲜奶油和蛋白制作面团，淡淡的醇香别具一格。

制作方法⇒p39

16.
柠檬牛奶挞

灵感来自美国流行的酸橙派，炼乳与加了柠檬果汁的奶油结合，入口时先品尝到的是牛奶香，之后便是满口的酸甜味。

制作方法⇒p40

17.
杏仁饼

挞坯上的焦糖厚度要均一。我偏爱薄薄的挞。焦糖杏仁奶油须熬至略浓，防止烘烤时流下来。

制作方法⇒p41

9. 咖啡巧克力夹心曲奇 熔化黄油

材料（直径3.5cm的夹心曲奇12组份）

- 低筋面粉………………………100g
- 泡打粉………………………1小撮

黄油（无盐）………………………60g
黄砂糖（或者蔗糖）………………40g
枫糖浆…………………………1大匙
蛋液…………………………1/2个份

- 速溶咖啡……………………1大匙
- 开水………………………1/2大匙

板状巧克力（牛奶味）…4/5板（40g）

提前准备

- 黄油切成2cm见方的小块。
- 咖啡用开水化开。
- 板状巧克力掰成12等份的小块。
- 油纸平铺在烤盘上。
- 烤箱预热至180℃。

做法

❶ 将黄油、黄砂糖、枫糖浆倒入耐热容器中，将耐热容器放进微波炉（600W）加热40秒。

❷ 将❶倒入碗中，依次倒入化开的咖啡和蛋液，用手动打蛋器搅拌均匀。筛入低筋面粉、泡打粉，用硅胶刮刀切拌至没有干面粉。

❸ 用勺子盛取面糊，将面糊分成24等份，并排摆放在烤盘上，用手指轻轻按压，放入180℃的烤箱中，烘烤15分钟左右。趁热用2个曲奇夹住1块巧克力（a），利用曲奇的余热熔化巧克力。

a

10. 柠檬奇亚籽曲奇 奶油奶酪

材料（直径5cm的曲奇20个份）

- 低筋面粉………………………180g
- 泡打粉……………………1/2小匙

奶油奶酪……………………………50g
黄油（无盐）……………………120g
糖粉………………………………80g
蛋液…………………………1/2个份
柠檬皮碎（选择未打蜡的柠檬）
……………………………1/2个份
奇亚籽…………………………2大匙

提前准备

- 奶油奶酪和黄油放在室温下软化。
- 油纸平铺在烤盘上。
- 烤箱预热至170℃。

做法

❶ 将软化好的奶油奶酪和黄油放入碗中，加入糖粉，用硅胶刮刀搅拌均匀，倒入蛋液，继续充分搅拌，直至混合均匀。

❷ 筛入低筋面粉和泡打粉，用硅胶刮刀切拌至没有干面粉，加入柠檬皮碎和奇亚籽，搅拌均匀。

❸ 取直径15mm的星形裱花嘴装入裱花袋中，在烤盘上并排挤出直径4.5cm的花式面饼，将烤盘放入170℃的烤箱中，烘烤15~20分钟。

奇亚籽，即芡欧鼠尾草的种子。嚼起来咯吱作响，唇齿留香。非常适合与柠檬、奶油奶酪等带酸味的食物搭配食用。

11. 果酱玫瑰曲奇 奶油奶酪

材料（直径5cm的曲奇20个份）

| 低筋面粉 | 180g |
| 泡打粉 | 1/2 小匙 |

奶油奶酪……50g
黄油（无盐）……120g
糖粉……80g
蛋液……1/2个份
橘子果酱和山莓果酱……共50g

提前准备

· 奶油奶酪和黄油放在室温下软化。
· 油纸平铺在烤盘上。
· 烤箱预热至170℃。

做法

❶ 将软化好的奶油奶酪和黄油放入碗中，加入糖粉，用硅胶刮刀搅拌均匀，倒入蛋液，继续充分搅拌，直至混合均匀。

❷ 筛入低筋面粉和泡打粉，用硅胶刮刀切拌至没有干面粉。

❸ 取直径 15mm 的星形花嘴装入裱花袋中，在烤盘上并排挤出直径 4.5cm 的花式面饼，在每个面饼中间挤少量面糊堵住孔洞（a、b），再在面饼中间舀上 1/2 小匙果酱（c），放入 170℃的烤箱中，烘烤 15~20 分钟。

a

b

c

12. 杏仁瓦片 熔化黄油

材料（直径7~8cm的瓦片16个份）

材料	用量
糖粉	100g
低筋面粉	30g
黄油（无盐）	60g
鲜榨橙汁	50mL*
橙皮碎（有无均可）	1/3个份
杏仁片	100g

* 可用100%橙汁饮料代替。

提前准备

- 黄油切成2cm见方的小块。
- 油纸平铺在烤盘上。

做法

❶ 将黄油放入耐热容器中，将耐热容器放入微波炉（600W）加热40秒，使黄油化开。将化开的黄油倒入碗中，筛入糖粉和低筋面粉，用手动打蛋器轻轻搅拌一会儿，倒入鲜榨橙汁，继续搅拌，直至混合均匀。

❷ 加入橙皮碎和杏仁片，用硅胶刮刀搅拌均匀，裹上保鲜膜，放在冰箱里冷藏30分钟以上。

❸ 烤箱预热至160℃。用勺子将面糊舀在烤盘上，并整理成直径5cm的面饼（a），放入160℃的烤箱中，烘烤12~15分钟。烤好后趁热用调色刀或薄锅铲取下面饼（小心烫伤），放在擀面杖上冷却1~2分钟（b），使面饼弯曲。杏仁瓦片容易受潮，要放在冰箱中冷藏，或者连同干燥剂一起放在密闭容器中保存。

13. 朗姆香料曲奇 基础

材料（直径3.5cm的曲奇22个份）

材料	用量
低筋面粉	100g
玉米淀粉	1大匙
黄油（无盐）	80g
黄砂糖（或者蔗糖）	40g
朗姆酒	1大匙
小豆蔻（整颗）	4颗*
装饰用糖粉	100g

* 可用1/4小匙豆蔻粉代替。

提前准备

- 黄油放在室温下软化。
- 小豆蔻切碎。
- 油纸平铺在烤盘上。

做法

❶ 将软化好的黄油放入碗中，加入黄砂糖，用硅胶刮刀搅拌均匀，加入朗姆酒和小豆蔻，继续充分搅拌，直至混合均匀。

❷ 筛入低筋面粉和玉米淀粉，用硅胶刮刀充分搅拌至没有干面粉。

❸ 台面上撒少许低筋面粉（配方外），搓揉成直径3cm的面棒，用保鲜膜包好，放在冰箱里冷藏30分钟以上（或者冷冻10分钟左右）。

❹ 烤箱预热至180℃。将面棒切成厚1cm的薄面片，并排摆放在烤盘上，放入180℃的烤箱中，烘烤15分钟左右。取出，趁热裹满糖粉。

小豆蔻香气馥郁，有“香料女王”之称。常被用于制作印度香料茶等。我很喜欢将小豆蔻和咖啡搭配使用。

14. 巧克力猫舌曲奇 鲜奶油

材料（直径4cm的曲奇20个份）

低筋面粉……50g
鲜奶油……50mL
细砂糖……30g
蛋白……1个份
| 烘焙用巧克力（苦味）……40g
| 牛奶……2 小匙

提前准备

· 油纸平铺在烤盘上。
· 烤箱预热至170℃。

做法

❶ 将鲜奶油和细砂糖倒入碗中，搅拌至轻微起泡，加入蛋白，继续充分搅拌，直至混合均匀。

❷ 筛入低筋面粉，用硅胶刮刀切拌至没有干面粉。

❸ 用勺子舀 1 小匙面糊放在烤盘上，用手指将面糊摊成直径 4cm 的小面饼，放入 170℃的烤箱中，烘烤 20~25 分钟，在烤箱内冷却。

❹ 将牛奶倒入耐热容器中，不盖保鲜膜，放入微波炉（600W）加热 15 秒，加入切碎的巧克力，用勺子按压搅拌使之化开（a）。再用勺子将巧克力涂抹在放凉的曲奇上，涂半面即可。

a

15. 格雷伯爵茶曲奇 鲜奶油

材料（直径4cm的曲奇20个份）

低筋面粉……50g
鲜奶油……50mL
细砂糖……30g
蛋白……1个份
红茶茶叶（或茶包，格雷伯爵茶最佳）
……1袋（2g）

提前准备

· 油纸平铺在烤盘上。
· 烤箱预热至170℃。

做法

❶ 将鲜奶油和细砂糖倒入碗中，搅拌至轻微起泡，依次加入磨碎的红茶茶叶（a）、蛋白，继续搅拌至混合均匀。

❷ 筛入低筋面粉，用硅胶刮刀切拌至没有干面粉。

❸ 用勺子舀 1 小匙面糊放在烤盘上，用手指将面糊摊成直径 4cm 的小面饼，放入 170℃的烤箱中，烘烤 20~25 分钟，在烤箱内冷却。

a

16. 柠檬牛奶挞 挞

材料（直径22cm的挞1个份）

| 低筋面粉 | 150g |
| 盐 | 1 小撮 |

黄油（无盐）……75g

糖粉……30g

蛋黄…… 1个份（或者蛋液1/2个份）

【柠檬牛奶奶油】

加糖炼乳……120g

柠檬汁……4大匙

鲜奶油……2大匙

蛋黄……1个份

柠檬皮碎（选择未打蜡的柠檬）……1/2个份

【糖煮柠檬】

柠檬薄片（选择未打蜡的柠檬）……1/2个

细砂糖……2大匙

水……100mL

提前准备

・黄油放在室温下软化。

・油纸剪成适合烤盘的大小。

做法

❶ 将软化的黄油放入碗中，加入糖粉，用硅胶刮刀搅拌，倒入蛋黄，继续搅拌均匀。筛入低筋面粉和盐，切拌均匀。

❷ 用保鲜膜包好面团，再用手将面团按压成直径 15cm 左右的圆形面饼，放入冰箱中冷藏 30 分钟以上（或者冷冻 15 分钟）。

❸ 用 2 片保鲜膜上下包住面饼，用擀面杖将面饼擀成直径 26cm（厚 3mm）的圆形面皮，放在油纸上，边缘向上折起 2cm（a），捏出立体花瓣造型（b）。用叉子在面皮上分散戳孔，放在冰箱里冷冻 15 分钟。

❹ 烤箱预热至 190℃。将面皮连同油纸一起放进烤盘，将烤盘放入 190℃的烤箱中，烘烤 15 分钟左右（c）。

❺ 将糖煮柠檬的材料放进小锅中，中火煮 3~4 分钟。

❻ 烤箱预热至 190℃。将制作柠檬牛奶奶油的材料放进碗中，用手动打蛋器搅拌至顺滑（d）、将❹放在台面上，并排摆放❺中煮好的柠檬片。放入 190℃的烤箱中，烘烤 3~4 分钟，待余热散去后，放在冰箱里冷藏。品尝的时候，用茶筛将糖粉（配方量外）筛在挞的边缘处。

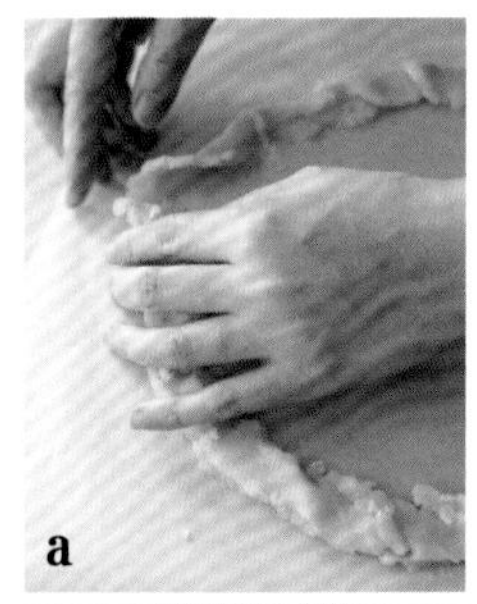
a

b

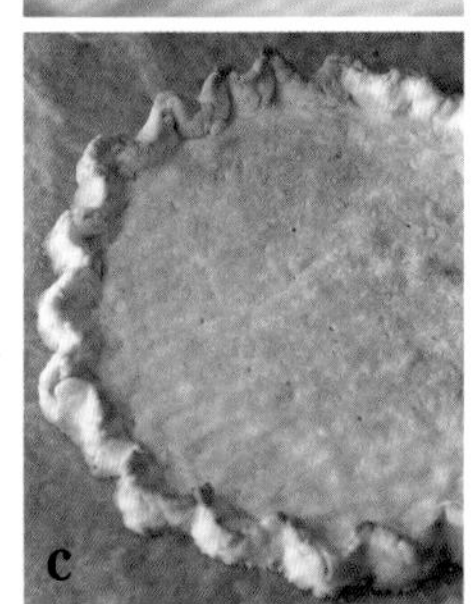
c

d

17. 杏仁饼 挞

材料（4.5cm见方的杏仁饼16个份）

低筋面粉……………………… 100g
盐…………………………… 1 小撮
黄油（无盐）……………………… 60g
糖粉………………………………… 30g
蛋液…………………………… 1/4个份

【焦糖杏仁奶油】

杏仁片……………………………… 60g
细砂糖……………………………… 50g
黄油（无盐）……………………… 30g
鲜奶油…………………………… 25mL
蜂蜜………………………………… 15g

提前准备

- 制作挞面团的黄油放在室温下软化。
- 油纸剪成适合烤盘的大小。

做法

❶ 将软化好的黄油放入碗中，加入糖粉，用硅胶刮刀搅拌均匀，倒入蛋液，继续搅拌，直至混合均匀。筛入低筋面粉和盐，切拌均匀。

❷ 用保鲜膜包好面团，再用手将面团按压成直径 15cm 左右的圆形面饼，放入冰箱中冷藏 30 分钟以上（或者冷冻 15 分钟）。

❸ 烤箱预热至 190℃。用擀面杖将包着保鲜膜的面饼擀成边长 18cm（厚 4mm）的正方形面皮（a），将面皮放在油纸上，用叉子分散戳孔，连同油纸一起放进烤盘，将烤盘放入 190℃的烤箱中，烘烤 15 分钟左右。

＊烘烤前如果感觉面团较软，可以放在冰箱里冷冻 5 分钟。

❹ 制作焦糖杏仁奶油。将除了杏仁片以外的用料都放进小锅中，中火加热，一边熬煮一边用刮刀搅拌，待黄油化开、冒泡后，继续煮 1 分钟，加入杏仁片，改小火收干水分（b）。

❺ 烤箱预热至 180℃。将❹涂在烤好的挞皮上，边缘空出 1cm（c），放入 180℃的烤箱中，烘烤 20~25 分钟。趁热切掉边缘部分，再横纵四等分切成 16 小块，冷却（放在冰箱里冷藏）。

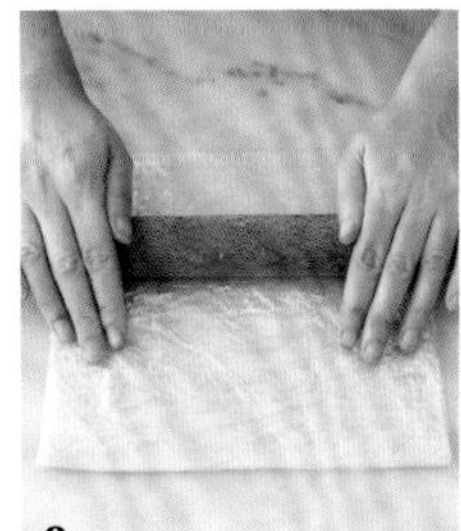

a

b

c

18.
蛋白酥

入口即化的法国酥皮点心。需要长时间低温烘烤，使用无糖鲜奶油制作，是我非常喜欢的一款点心。

制作方法⇒p46

19.
石头蛋白酥

因为形似石头，故而得名。用隔水加热法制作而成的瑞士蛋白霜。因为加入了椰丝，口感十分酥脆。

制作方法⇒p46

20.
帕夫洛娃蛋糕

澳大利亚传统的酥皮点心，外酥里嫩，口感绝佳。表面涂一层打发好的无糖鲜奶油，用时令水果作装饰，看起来非常奢华。

制作方法⇒p47

21.
香蕉菠萝焦糖挞

挞皮上错落摆放香蕉和菠萝，再涂上薄薄一层焦糖奶油，烘烤即可。如果用的是罐头菠萝，需要加少许柠檬汁调味。

制作方法⇒p47

23.
奶酪挞

奶酪中加入了酸奶油，酸味浓郁，味道上乘。不放水果的原味奶酪挞也很美味。

制作方法⇒ p48

22.
巧克力挞

可可粉挞皮搭配浓厚的巧克力奶油，味道纯熟。也可以根据个人喜好加入朗姆酒渍葡萄干。

制作方法⇒ p48

18. 蛋白酥

材料（直径4cm的蛋白酥18个份）

蛋白……………………………………1个份
细砂糖…………………………………… 30g
糖粉……………………………………… 30g

提前准备

· 蛋白放在冰箱里冷藏。
· 油纸平铺在烤盘上。
· 烤箱预热至130℃。

做法

❶ 将蛋白倒入碗中，用电动打蛋器高速打发至颜色发白，从碗的边缘缓慢加入细砂糖打发至蛋白能立起尖角的程度，蛋白霜便制作完成了（参照 p47-a）。

❷ 筛入糖粉，用硅胶刮刀切拌均匀。

❸ 用 2 把勺子盛取少量蛋白霜，并排放在烤盘上，确保每团蛋白霜的直径在 3~3.5cm。将烤盘放入 130℃的烤箱中，烘烤 2 小时左右，在烤箱中静置冷却（蛋白酥易受潮，需放在冰箱里冷藏，或者连同干燥剂一起放在密封容器内保存）。

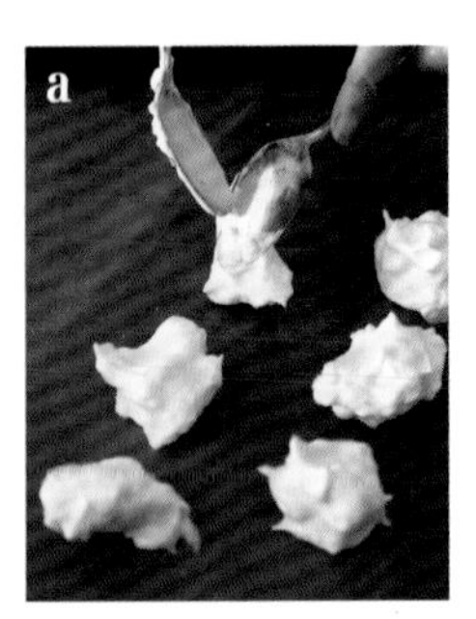
a

---

19. 石头蛋白酥

材料（直径4cm的蛋白酥12个份）

蛋白……………………………………1个份
细砂糖…………………………………… 60g
椰蓉和椰丝……………………………共30g*

＊或椰蓉和椰丝任选一种。

提前准备

· 蛋白放在冰箱里冷藏。
· 油纸平铺在烤盘上。
· 烤箱预热至160℃。

做法

❶ 将蛋白倒入碗中，用电动打蛋器高速打发至颜色发白，加入细砂糖，隔水加热（平底锅内倒入 3cm 深的开水，碗底置于水中，开火加热），继续打发。

❷ 手指伸进碗中，感觉变温时，撤下热水，继续打发至体积膨胀，光滑且柔软的蛋白霜便制作完成了（a）。加入椰蓉和椰丝，用硅胶刮刀切拌均匀。

❸ 用 2 把勺子盛取少量蛋白霜，并排放在烤盘上，确保每团蛋白霜的直径在 3~3.5cm，将烤盘放入 160℃的烤箱中，烘烤 25~30 分钟，在烤箱中静置冷却（石头蛋白酥易受潮，需放在冰箱里冷藏，或者连同干燥剂一起放在密封容器内保存）。

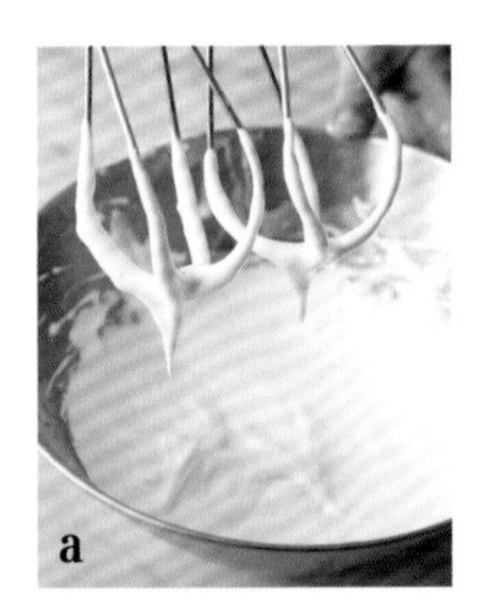
a

椰蓉即切碎的椰肉。既能增添沙沙的口感，还能吸收面糊中多余的水分，让曲奇更加酥脆。关于椰丝的介绍见p86。

20. 帕夫洛娃蛋糕

材料（直径18cm的蛋糕1个份）

蛋白……2个份
细砂糖……30g
| 糖粉……30g
| 玉米淀粉……1小匙
柠檬汁……1小匙

【装饰用】

鲜奶油……200mL
草莓、蓝莓等水果……各适量

提前准备

- 蛋白放在冰箱里冷藏。
- 油纸平铺在烤盘上。
- 烤箱预热至140℃。

做法

❶ 将蛋白倒入碗中，用电动打蛋器高速打发至颜色发白，从边缘缓慢加入细砂糖，继续打发至蛋白能立起尖角，蛋白霜便制作完成了（a）。

❷ 倒入柠檬汁，用手动打蛋器搅拌，筛入糖粉和玉米淀粉，用硅胶刮刀切拌均匀。

❸ 将❷放在烤盘上，用硅胶刮刀大致整理成直径18cm的圆形（b）。放入140℃的烤箱中，烘烤80分钟左右，在烤箱中冷却，然后放在冰箱里冷藏。

❹ 将打发好的鲜奶油涂抹在蛋糕上，用水果装饰（放入冰箱冷藏保存）。

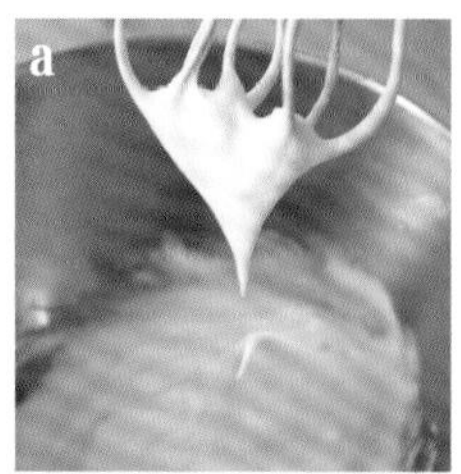
a

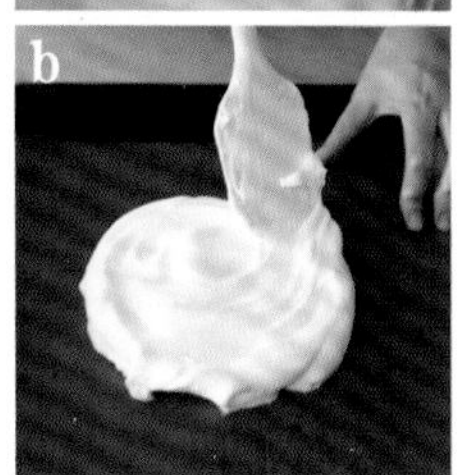
b

21. 香蕉菠萝焦糖挞 挞

材料（直径22cm的挞1个份）

| 低筋面粉……150g
| 盐……1小撮
黄油（无盐）……75g
糖粉……30g
蛋黄……1个份（或者蛋液1/2个份）
香蕉……2根（净重200g）
菠萝……100g（净重）

【焦糖奶油】

细砂糖……50g
水……1大匙
鲜奶油……50mL

提前准备

- 黄油放在室温下软化。
- 香蕉切成厚7~8mm的圆片，菠萝切成1cm见方的小块。
- 油纸剪成适合烤盘的大小。

做法

❶ 挞坯参照p40步骤❶❷制作。

❷ 制作焦糖奶油。将细砂糖和水倒入小锅中，用中火熬煮，待变成浅焦糖色时加入鲜奶油，煮沸（a）。

❸ 烤箱预热至180℃。用2片保鲜膜上下包住挞坯，用擀面杖擀成直径26cm（厚3mm）的圆形面皮，放在油纸上，用叉子在面皮上分散戳孔，放上香蕉片和菠萝块，边缘向内侧折叠2cm。涂抹❷中做好的焦糖奶油，放入180℃的烤箱中，烘烤30分钟左右（冷却后放入冰箱冷藏保存）。

＊如果烘烤前面团变软，可以放在冰箱里冷冻5分钟。

a

22. 巧克力挞 挞

材料（直径12cm的挞3个份）

- 低筋面粉…………………… 130g
- 可可粉…………………………15g

盐……………………………1小撮
黄油（无盐）…………………75g
糖粉……………………………30g
蛋黄……　1个份（或者蛋液1/2个份）

【巧克力奶油】

烘烤用巧克力（苦味）………… 100g
鲜奶油………………………… 120mL
蛋黄……………………………1个份

【装饰用】

鲜奶油………………………… 100mL
细砂糖……………………… 1/2大匙
肉桂粉………………………… 少量

提前准备

· 黄油放在室温下软化。
· 油纸剪成边长18cm的正方形，准备3张。

做法

❶ 挞坯参照 p40 步骤❶❷制作。

❷ 将挞坯分成 3 等份，用 2 片保鲜膜上下包住面团，用擀面杖擀成直径 16cm（厚 3mm）的圆形面皮，放在油纸上，用叉子在面皮上分散戳孔，边缘向内侧折叠 2cm（a），用手指捏出三角造型（b），放入冰箱冷冻 15 分钟。

❸ 烤箱预热至 190℃。将面皮连同油纸一起放进烤盘，将烤盘放入 190℃的烤箱中，烘烤 15 分钟。

❹ 制作巧克力奶油。将鲜奶油倒进小锅中，加热至沸腾，加入切碎的巧克力，待巧克力化开后倒入蛋黄，用手动打蛋器搅拌均匀。倒在❸上，放入 170℃的烤箱中，烘烤 6~7 分钟，冷却后放进冰箱冷藏。鲜奶油中加入细砂糖，打发后放在挞上，撒上肉桂粉。

a

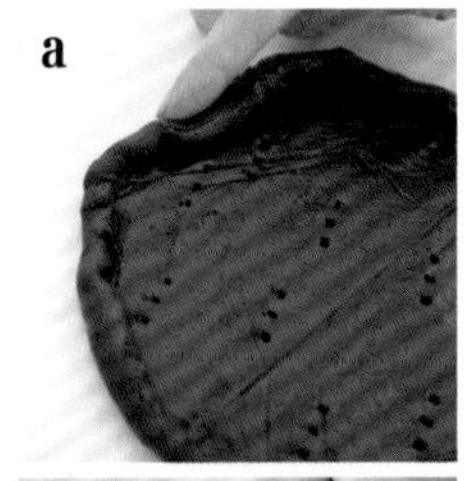

b

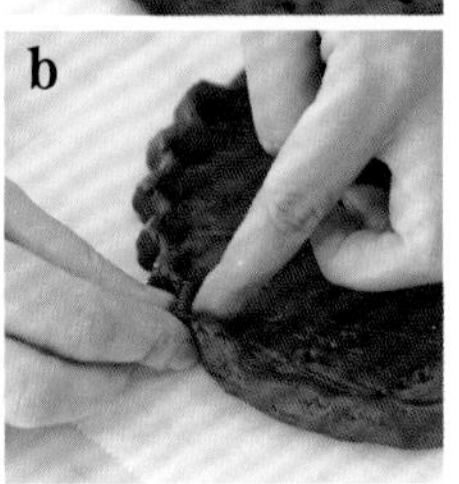

23. 奶酪挞 挞

材料（直径12cm的挞3个份）

【挞坯】同p40

【奶酪奶油】

奶油奶酪………………………… 100g
酸奶油…………………………… 60mL
细砂糖……………………………60g
蛋黄………………………………1个
柠檬汁…………………………1大匙
蓝莓…………………………… 100g

提前准备

· 奶油奶酪和黄油放在室温下软化。
· 油纸剪成边长18cm的正方形，准备3张。

做法

❶ 挞坯参照上文❶～❸制作。面皮边缘同样向上折起 2cm，捏出自然的曲线造型（a）。

❷ 制作奶酪奶油。将软化的奶油奶酪放入碗中，加入细砂糖，用手动打蛋器搅拌均匀，依次倒入酸奶油、柠檬汁、蛋黄，搅拌均匀。将做好的奶酪奶油倒在烤好的挞皮上，再放上蓝莓，放入 180℃的烤箱中，烘烤 12~13 分钟。冷却后放进冰箱冷藏。食用时筛上少量糖粉（配方外）。

a

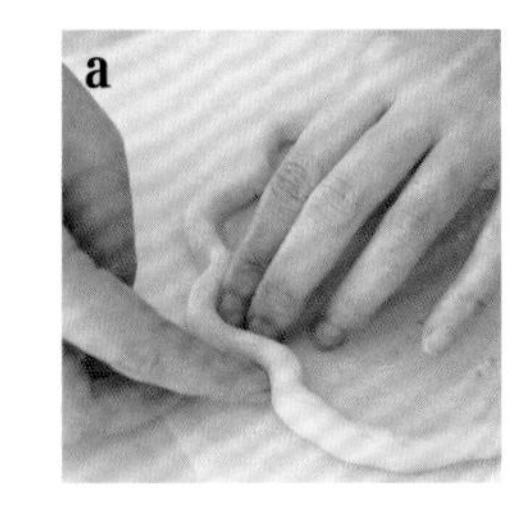

专栏

烘焙工具

用一个碗轻松制作点心和曲奇。烘焙工具都是厨房里的常用工具。使用不同的模具和裱花嘴，会给烘焙带来更多乐趣。接下来为大家介绍我一直使用的烘焙工具。

碗

我用的是直径18~20cm的柳宗理不锈钢碗。筛入面粉时使用这个尺寸的碗比较方便。金属材质的碗热导快，适合隔水加热。使用电动打蛋器会磨损碗壁。

大匙 / 小匙

用于称量少量液体和粉类。1大匙等于15mL，1小匙等于5mL。称量粉状物时舀满后刮平表面，称量液体时要使液体表面因张力鼓起。

硅胶刮刀

混合黄油、砂糖以及粉类原料时使用。隔水加热巧克力、制作焦糖奶油时使用硅胶刮刀十分方便。建议选用一体式耐热型硅胶刮刀。

打蛋器

混合熔化黄油、砂糖，或者蛋液、植物油等液体材料时使用。建议选用与碗大小相匹配、钢丝结实的打蛋器。

裱花袋和星形裱花嘴

挤奶油时使用。星形裱花嘴要选用口径15mm，外径25mm的8齿花嘴。大号裱花嘴挤出的花形更清晰，烤好的曲奇也更可爱。

将裱花袋靠近花嘴的部分拧几下，然后塞进裱花嘴中，这样便能防止装面糊时，面糊从裱花嘴流出。

擀面杖

擀压面团时使用。双手水平握住擀面杖的两端，擀面时一边变换朝向一边来回滚动擀面杖。粗重的擀面杖受力均匀，选择使用顺手的即可。

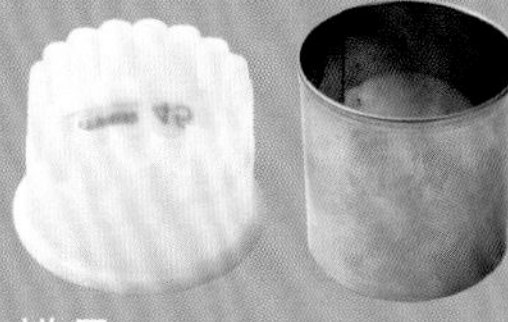

刮板

用于切分擀薄的曲奇面饼。如果刮板不够长，可以换用刀切分。不论使用哪种工具，切的时候都要顺便在面块之间留出空隙，这样曲奇的侧面也会烤得很酥脆。

模具

给曲奇做造型时使用。我用的是直径4.5cm的菊花形和圆形模具。也可以选用同尺寸、不同形状的模具。用玻璃杯代替模具，烤好的曲奇截面易裂开，如果没有模具，可以直接切成与模具尺寸相近的大小，然后烘烤。

电动打蛋器

打发蛋白时使用。有了电动打蛋器，制作戚风蛋糕、巧克力蛋糕便容易多了。选择能调速度且价格适中的电动打蛋器。我喜欢用cuisinart的电动打蛋器。

烘焙材料

以面粉为主，加入砂糖、黄油、鸡蛋等普通的材料，就能做出美味的曲奇和挞。接下来将向大家介绍我常用的烘焙材料，以及选择时需要注意的事项。

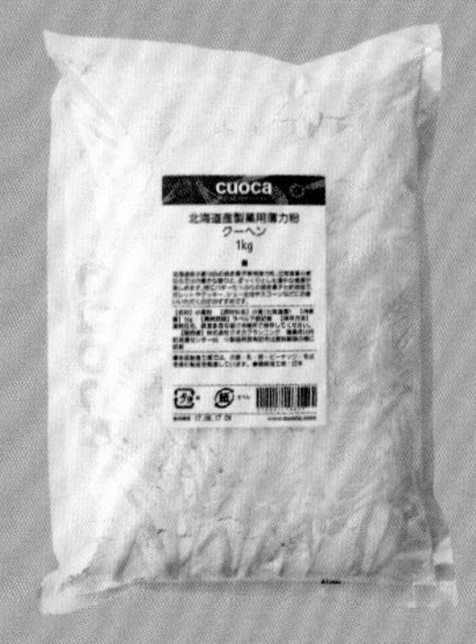

低筋面粉

使用中筋面粉制作出的曲奇，口感粗糙。我用的是烘焙专用低筋面粉 cuoca。北海道产的小麦带有独特的香味和口感，我很喜欢。面粉和黄油是烘焙配方中最重要的两种用料。

糖粉

使用黄油制作曲奇和挞时，加入糖粉会让成品的口感更松软。若用细砂糖代替，成品的口感较酥脆。此外，糖粉也被用来制作糖霜，或撒在挞皮表面作装饰。

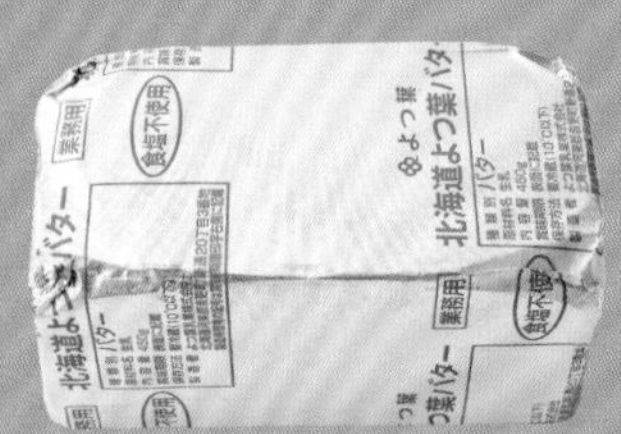

黄油

我使用四叶、可尔必思、明治等品牌的无盐黄油。如果使用发酵黄油，制作出的点心味道更醇厚。有盐黄油太咸，不建议使用。

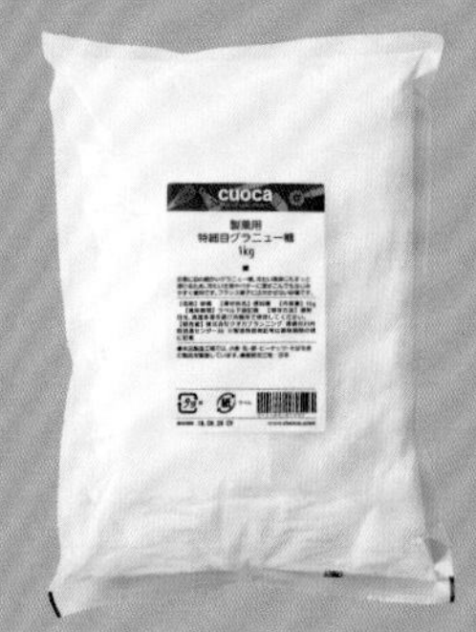

细砂糖

甜味上乘，使用细砂糖制作的曲奇口感酥脆、有颗粒感。制作面团时，使用小颗粒的烘焙用砂糖，可以与黄油完美融合。如用于装饰曲奇表面，建议选择普通的大颗粒砂糖。

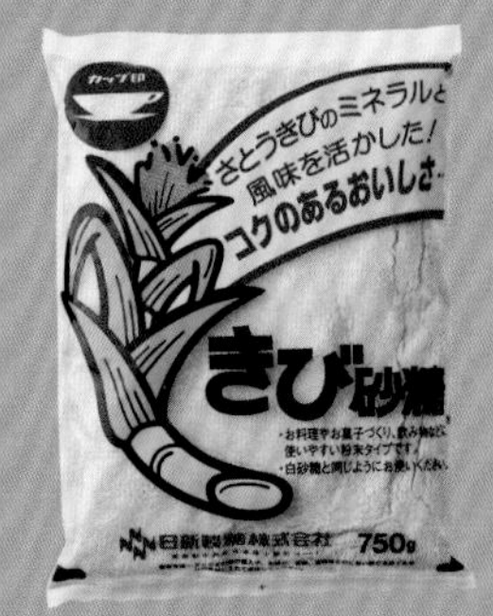

蔗糖

使用植物油制作曲奇和挞时，加入甜度适中的蔗糖味道更好。成品的质朴味道让人迷恋。如果追求清爽的味道，不想成品颜色太深，就选用细砂糖。

鸡蛋

使用中等大小的鸡蛋，净重约 50g（蛋黄 20g+ 蛋白 30g）。需要提升成品鲜味时加入 1 个蛋黄，不需要时用 1/2 个份蛋液代替，按喜好添加即可。1/2 个份蛋液比蛋黄的分量重，制作出的面团偏软，可以加入少许低筋面粉调和。

泡打粉

使用不含铝的泡打粉。1 小匙等于 5g。开封后蓬松效果会逐渐变差，最好尽快用完。开封的泡打粉要放在冰箱里冷藏保存。

植物油

除了没有异味的菜籽油，我还推荐无色透明的太白芝麻油，这两种油的味道都不会随着时间的推移而发生太大变化。稻米油是三者中味道最淡的。使用时选择自己喜欢的即可。1大匙等于12g。

鲜奶油

制作鲜奶油曲奇时，请使用乳脂含量45%以上的动物奶油。做好的点心带有浓郁的牛奶味，可以提升烘焙点心的口感。

奶油奶酪

制作奶油奶酪曲奇时使用。与黄油一起放在室温下软化，用硅胶刮刀搅拌成奶油状后使用。我用的是“kiri”牌奶油奶酪。

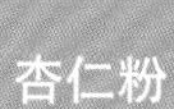

杏仁粉

烘焙时加入杏仁粉，做出的曲奇和挞口感更酥脆。即使不加黄油，味道也很好。使用了杏仁粉的点心外层酥脆，内里松软。

豆浆

选用无添加的有机原味豆浆。本书的无蛋植物油曲奇配方中添加的就是豆浆，也可以用牛奶代替。

黄砂糖

黄砂糖富含大量矿物质，甜味深厚。制作用料种类少的原味点心时加入黄砂糖，味道更香浓。如果没有黄砂糖，也可以用蔗糖代替。

巧克力

1板苦味巧克力大约50g。1板白巧克力大约40g。巧克力切碎，与面团混合在一起。烘焙用巧克力熔化后使用，做好的点心散发着可可豆的香气，口感润滑。我喜欢用法芙娜生产的可可含量70%的圭亚那黑巧克力，以及可可百利生产的白巧克力。

盐

制作挞皮时加入1小撮盐，可以提升口感。建议使用风味独特的非精制盐。我喜欢用盐之花（颗粒盐）。

夹心曲奇

Cookie Sandwich

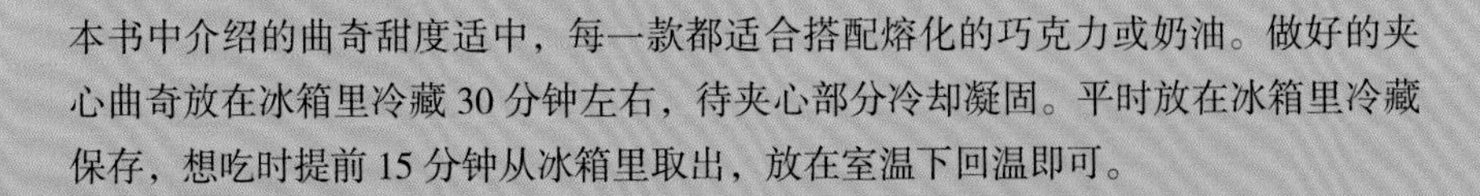
本书中介绍的曲奇甜度适中，每一款都适合搭配熔化的巧克力或奶油。做好的夹心曲奇放在冰箱里冷藏30分钟左右，待夹心部分冷却凝固。平时放在冰箱里冷藏保存，想吃时提前15分钟从冰箱里取出，放在室温下回温即可。

巧克力甘纳许

材料（夹心曲奇5~6个份）

烘焙用巧克力（苦味）…………… 50g
牛奶…………………………… 1½大匙

做法

❶ 将牛奶倒入耐热容器中，盖上保鲜膜后放进微波炉（600W）加热20秒，加入切碎的巧克力搅拌，使巧克力化开。将制作好的巧克力甘纳许夹在放凉的2个曲奇中间。

＊如果巧克力未化开，可以隔水加热（参照p72）使之化开。
（曲奇为基础的奶油奶酪曲奇）

红茶甘纳许

材料（夹心曲奇5~6个份）

烘焙用巧克力（苦味）…………… 50g
红茶茶叶（茶包，格雷伯爵茶最佳）
………………………… 1袋（2g）
水………………………… 2大匙
鲜奶油…………………………… 1大匙

做法

❶ 将红茶和水倒入小锅中，中火煮沸，加入鲜奶油，继续煮至沸腾，挤干茶包，留1½大匙混合液。加入切碎的巧克力，搅拌使之化开。将制作好的红茶甘纳许放在冰箱里稍稍冷却，夹在2个放凉的曲奇中间。

＊如果巧克力未化开，可以隔水加热，使巧克力化开。
（曲奇为格雷伯爵茶曲奇）

白巧克力甘纳许

材料（夹心曲奇5~6个份）

烘焙用巧克力（白巧克力）……… 40g
牛奶………………………… 2小匙

做法

❶ 将牛奶倒入小碗中，隔水加热（碗底放在50℃左右的水中），加入切碎的巧克力搅拌，使之化开。将制作好的白巧克力甘纳许夹在2个放凉的曲奇中间。

＊要注意隔水加热时的水温，过高会产生沉淀。
（曲奇为格雷伯爵茶曲奇）

抹茶巧克力甘纳许

材料（夹心曲奇5~6个份）

烘焙用巧克力（白巧克力）……… 40g
牛奶………………………… 1小匙
抹茶………………………… 1小匙
热水………………………… 2小匙

做法

❶ 将牛奶倒入小碗中，隔水加热（碗底放在50℃左右的水中），加入切碎的巧克力搅拌，使之化开，加入溶于热水的抹茶，混合均匀。将制作好的抹茶巧克力甘纳许夹在2个放凉的曲奇中间。

（曲奇为基础的鲜奶油曲奇）

奶油奶酪蜂蜜

材料（夹心曲奇5~6个份）

奶油奶酪……………………………50g
蜂蜜……………………………1小匙
糖粉（或者细砂糖）……………1小匙

做法

❶ 将室温下软化好的奶油奶酪、蜂蜜、糖粉倒入碗中，用勺子搅拌均匀。将制作好的奶油奶酪蜂蜜夹在 2 个放凉的曲奇中间。

（曲奇为柠檬奇亚籽曲奇）

豆沙鲜奶油

材料（夹心曲奇5~6个份）

市售红豆沙…………………………2大匙
鲜奶油……………………………50mL

做法

❶ 将红豆沙放在碗中，加入 1 大匙鲜奶油，用手动打蛋器搅打，剩余的鲜奶油先打发至能立起尖角的程度，再加入碗中，用硅胶刮刀充分搅拌。将制作好的豆沙鲜奶油夹在 2 个放凉的曲奇中间。

（曲奇为蜂蜜黄豆粉曲奇）

焦糖奶油

材料（夹心曲奇5~6个份）

细砂糖……………………………50g
水……………………………1小匙
鲜奶油…………………………3大匙
黄油（无盐）……………………15g

做法

❶ 将细砂糖和水倒入小锅中，开中火煮至深褐色，加入鲜奶油，煮至沸腾。关火，待冷却后加入已放在室温下软化好的黄油，搅拌均匀。将制作好的焦糖奶油夹在 2 个放凉的曲奇中间。

（曲奇为肉桂糖曲奇）

花生覆盆子酱

材料（夹心曲奇5~6个份）

花生酱（微甜、含花生颗粒）……50g
覆盆子果酱………………………1大匙

做法

❶ 将花生酱和覆盆子果酱夹在 2 个放凉的曲奇中间。如果果酱不够浓稠，可以倒进小锅里收干水分。

（曲奇为基础的加蛋植物油曲奇）

曲奇点心

Cookie Canapé

将奶油舀在小曲奇上，便是一口大小的小点心。既可以作为小甜点，也可以当作小零食。用勺子舀奶油即可。

朗姆酒奶油

材料（曲奇约10个份）

鲜奶油……………………………… 50mL
黄砂糖（或者蔗糖）…………… 1/2 大匙
朗姆酒…………………………… 1/2 小匙
肉桂粉……………………………… 少量

做法

❶ 将鲜奶油和黄砂糖倒入碗中，打发至能立起尖角的程度，倒入朗姆酒搅拌均匀。将制作好的朗姆酒奶油舀在放凉的曲奇上。

（曲奇为基础的奶油奶酪曲奇）

咖啡巧克力奶油

材料（曲奇约10个份）

烘焙用巧克力（白巧克力）……… 40g
| 牛奶………………………… 1 小匙
| 速溶咖啡…………………… 1/2 小匙
咖啡豆（细研磨）……………… 少量

做法

❶ 将牛奶和速溶咖啡倒入小碗中，温水隔水加热（参照 p52），加入切碎的巧克力搅拌，使之化开。将制作好的咖啡巧克力奶油舀在放凉的曲奇上，撒上研磨好的咖啡粉。

（曲奇为基础的曲奇）
＊如果奶油较稀，可以放在冰箱里冷藏几分钟后再使用

橘子凝乳

材料（曲奇约10个份）

鲜榨橘子汁（或者纯果汁）…… 50mL
细砂糖………40g　鸡蛋……… 1 个
柠檬汁…… 少量　玉米淀粉…2 小匙
黄油（无盐）……………………… 40g

做法

❶ 将除黄油外的用料全部放进小锅中，用手动打蛋器搅拌均匀，开小火熬成糊，关火。加入黄油，用余热使黄油化开。待橘子凝乳冷却后，舀在放凉的曲奇上，再撒上少许磨碎的橘子皮（配方外）。

（曲奇为基础的鲜奶油曲奇）

枫糖浆奶油奶酪

材料（曲奇约10个份）

奶油奶酪…………………………… 50g
枫糖浆……………………………… 1 大匙
坚果（碧根果等）……………… 适量

做法

❶ 将室温下软化好的奶油奶酪和枫糖浆倒入碗中，用勺子搅拌均匀。将制作好的枫糖浆奶油奶酪涂舀在放凉的曲奇上，装饰上坚果。

（曲奇为基础的奶油奶酪曲奇）

煮鸡蛋酸奶蛋黄酱

材料（曲奇约10个份）

煮鸡蛋…………………………… 1个
原味酸奶………………………… 30g*
蛋黄酱………………………… 1大匙
颗粒芥末酱……………………1/4小匙

*将原味酸奶倒在厨房用纸上，控水30分钟。取1大匙控过水的原味酸奶备用。

做法

① 分离煮鸡蛋的蛋白和蛋黄，切碎后各取一半，与控过水的原味酸奶、蛋黄酱、颗粒芥末酱一同放进碗中，搅拌均匀。将制作好的酸奶蛋黄酱舀在放凉的曲奇上。放上剩下的蛋白和蛋黄。

（曲奇为3cm见方的小茴香黑胡椒曲奇）

牛油果柠檬奶油

材料（曲奇约10个份）

牛油果…………………………1/2个
柠檬汁…………………………1/2大匙
橄榄油…………………………1/2小匙
盐………………………………1/4小匙
蒜泥、塔巴斯科辣酱………… 各少量

做法

① 牛油果去皮、去核后放入碗中，大致碾碎，加入其他用料，搅拌均匀。将制作好的牛油果柠檬奶油舀在放凉的曲奇上，装饰上香菜叶（配方外）。

（曲奇为3cm见方的小茴香黑胡椒曲奇）

鳕鱼子酸奶油

材料（曲奇约10个份）

鳕鱼子（去薄皮）
…………………… 1/2条份（15g）
酸奶油…………………………… 45mL
柠檬汁………………………… 少量

做法

① 将用料全部倒入碗中，用勺子混合均匀。将制作好的鳕鱼子酸奶油舀在放凉的曲奇上，装饰上小葱段（配方外）。

（曲奇为小葱奶酪曲奇）

奶油奶酪莳萝

材料（曲奇约10个份）

奶油奶酪………………………………50g
莳萝（切碎）…………………… 1根
紫洋葱（切碎）……………… 1小匙

做法

① 将室温下软化好的奶油奶酪放入碗中，加入莳萝，用勺子搅拌均匀。将制作好的奶油奶酪莳萝舀在放凉的曲奇上，撒上少量用醋和盐腌泡过的紫洋葱碎。

（曲奇为小葱奶酪曲奇）

糖霜

Icing

由糖粉和水混合而成。搭配曲奇食用，不仅可以提升口感，外观看起来也更可爱。我喜欢将糖霜做得浓稠些，满满地涂抹在曲奇上。

【糖霜的制作方法】
将糖粉放入小容器中，倒入水，用勺子搅成糊，状态如图所示。糖霜偏硬时，逐滴加水调和；糖霜太稀时，加少量糖粉调和。

印度香料茶糖霜

材料（曲奇15~20个份）

糖粉……………………………… 30g

红茶茶叶（茶包）…… 1袋（2g）
水………………………… 1½ 大匙
肉桂、姜粉、肉豆蔻、小豆蔻等香料
………………… 共计1/4小匙

做法

① 将红茶茶叶和水放入耐热容器中，不盖保鲜膜放进微波炉（600W）加热30秒，冷却后放入茶筛中，挤出茶汤，加入香料，混合均匀，用小匙逐次加入糖粉，用勺子搅拌均匀。将制作好的印度香料茶糖霜涂抹在放凉的曲奇上。

（曲奇为基础的加蛋植物油曲奇）

生姜糖霜

材料（曲奇15~20个份）

糖粉……………………………… 30g
生姜汁………………… 1小匙略多

做法

① 糖粉中加入生姜汁，用勺子混合均匀，将制作好的生姜糖霜涂抹在放凉的曲奇上。

（曲奇为黄豆粉蜂蜜曲奇）

抹茶糖霜

材料（曲奇15~20个份）

糖粉……………………………… 30g

抹茶……………………… 1/2 小匙
开水……………………… 1小匙

做法

① 用开水化开抹茶粉，加入糖粉，用勺子混合均匀。将制作好的抹茶糖霜涂抹在放凉的曲奇上。

（曲奇为基础的曲奇）

柚子糖霜

材料（曲奇15~20个份）

糖粉……………………………… 30g
柚子汁…………………… 1⅓ 小匙
柚子皮碎………………………… 少量

做法

① 糖粉中倒入柚子汁，用勺子混合均匀。将制作好的柚子糖霜涂抹在放凉的曲奇上，撒上柚子皮碎。

（曲奇为英格兰酥饼）

第3章

用植物油制作/

各种曲奇和无模具挞

将鸡蛋、豆浆和植物油混合，筛入粉类即可，不论用料还是做法都非常简单。为了防止植物油渗出，面团制作完成后需要立即烘烤。烤好的曲奇放久了口感会变差，最好现烤现吃。

Basic 1

基础的加蛋植物油曲奇

制作要点是加入少量杏仁粉。浓郁的坚果香气可以提升口感。加入甜度适中的蔗糖，好吃到停不下来。

材料（3cm见方的曲奇25个份）

低筋面粉………………………………90g
杏仁粉…………………………………10g
泡打粉…………………………………1小撮
　蛋黄…………………………………1个*
　蔗糖…………………………………30g
　菜籽油（或者是太白芝麻油）
　……………………………… 3大匙

* 或者蛋液1/2个份。

提前准备

・油纸剪成适合烤盘的大小。
・烤箱预热至170℃

❶ 搅拌蛋黄、蔗糖、菜籽油

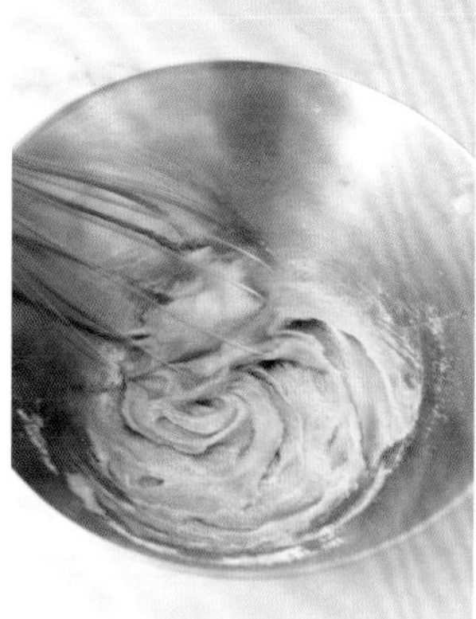

将蛋黄和蔗糖倒入碗中，用手动打蛋器混合，搅拌至蔗糖化开。

一次性倒入全部菜籽油，用手动打蛋器充分搅拌。

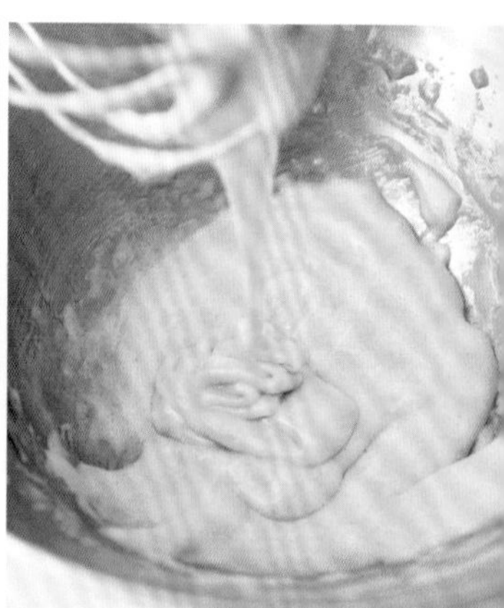

搅拌至黏稠、乳化。

* 搅拌至乳化状态，植物油分子会变小，更容易与面粉融合。

❷ 加入粉类

筛入低筋面粉、杏仁粉、泡打粉。

用硅胶刮刀切拌均匀。

* 硅胶刮刀先纵向切入，然后从底部向上翻拌，如此反复操作。

粉量较多、难以融合时，建议用硅胶刮刀一边按压一边切拌。

* 注意不要画圈搅拌，不然曲奇的口感会变硬，不够酥松。

❸ 切分烘烤

切拌至没有干面粉，面团便制作完成了。

将油纸折成边长 15cm 的正方形，包住面团后翻面，用擀面杖擀成厚 4mm 的正方形面饼。

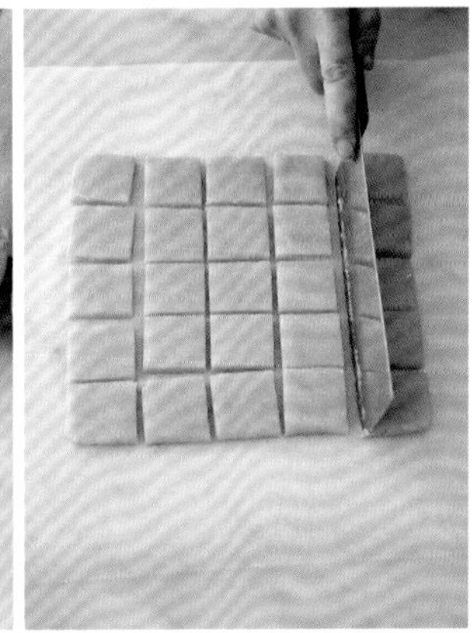

打开油纸，用刀将面饼切成 3cm 见方的小块，面块之间稍微留出空隙。

＊留出空隙，侧面也可以烤得很酥脆。

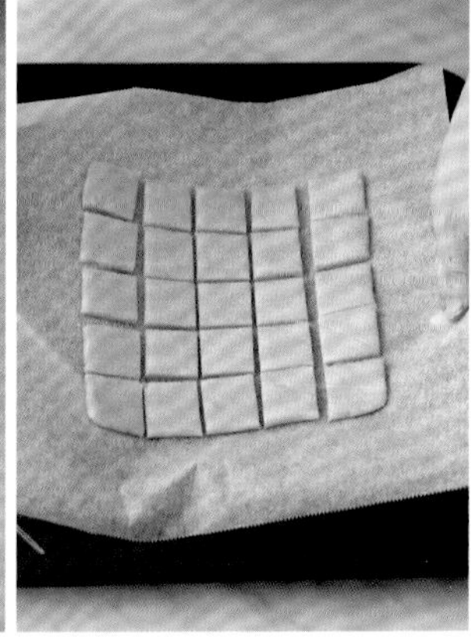

连同油纸一起放进烤盘，将烤盘放入 170℃的烤箱中，烘烤 10~12 分钟，直至上色。

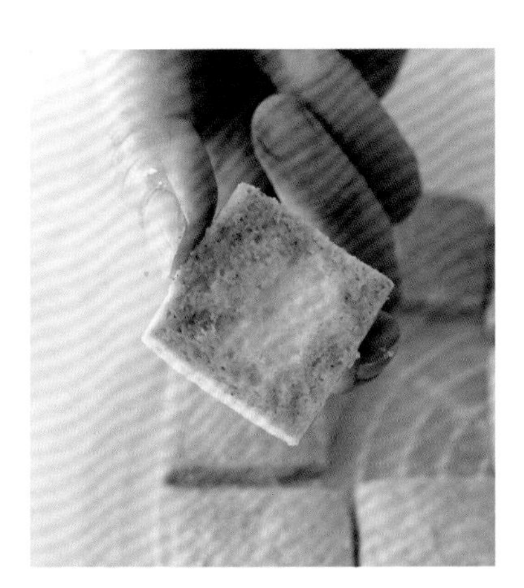

当背面也烤至上色时，曲奇就烤好了，放置在铁丝散热网上冷却。

关于植物油

除了无异味的菜籽油，我还推荐使用无色透明的太白芝麻油，以及味道清淡的稻米油。制作不甜的曲奇时，可以将植物油的一半换为橄榄油。普通的芝麻油味道太重，不建议使用。

Basic

2

基础的无蛋植物油曲奇（黑芝麻曲奇）

这款曲奇不单口感酥脆，味道也令人怀念。可以用牛奶代替豆浆。烘烤前撒一些杏仁片、粗砂糖、切碎的块状黑糖，或者肉桂糖，都非常美味。

材料（2cm×7cm的曲奇24个份）

低筋面粉…………………………… 110g

泡打粉……………………………… 1小撮

豆浆（无添加）…………… 1大匙

蔗糖……………………………… 40g

菜籽油（或者太白芝麻油）…3½ 大匙

黑芝麻……………………………… 1小匙

提前准备

· 油纸剪成适合烤盘的大小。

· 烤箱预热至180℃。

1 混合豆浆、蔗糖、菜籽油

将豆浆和蔗糖倒入碗中，用手动打蛋器搅拌至蔗糖化开。一次性倒入全部菜籽油。

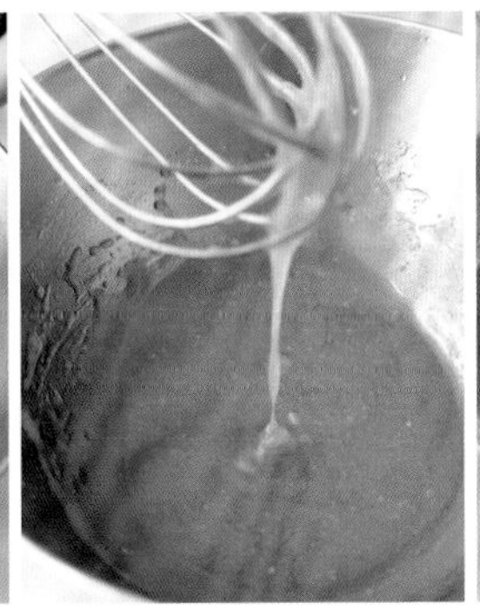

用手动打蛋器充分搅拌至黏稠、乳化。

＊搅拌至乳化状态，植物油分子会变小，更容易与面粉融合。

2 加入粉类

筛入低筋面粉、泡打粉。用硅胶刮刀切拌均匀。

＊粉量较多、难以融合时，建议用硅胶刮刀一边按压一边翻拌。

3 切分烘烤

切拌至没有干面粉，面团便制作完成了。

＊注意不要画圈搅拌，不然曲奇的口感会变硬，不够酥松。

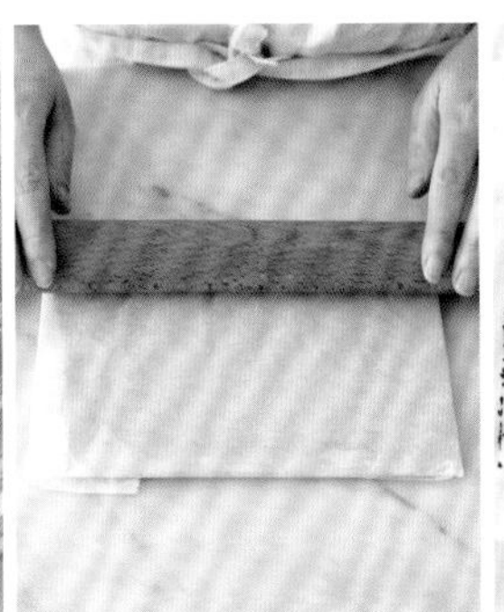

将油纸折成长 18cm、宽 14cm 的长方形，包住面团后翻面，用擀面杖擀成厚 4mm 的长方形面饼。

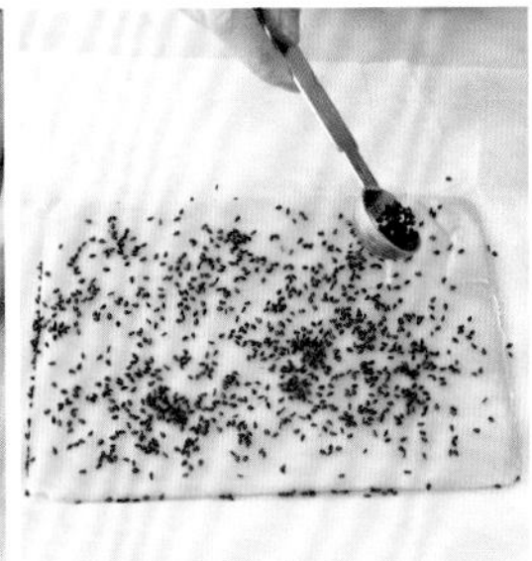

撒上黑芝麻，再用油纸包好，用擀面杖将黑芝麻压进面团里。

打开油纸，用刀将面饼纵向切成 12 等份，再横向对切一刀，面块之间稍微留出空隙。

＊留出空隙，侧面也可以烤得很酥脆。

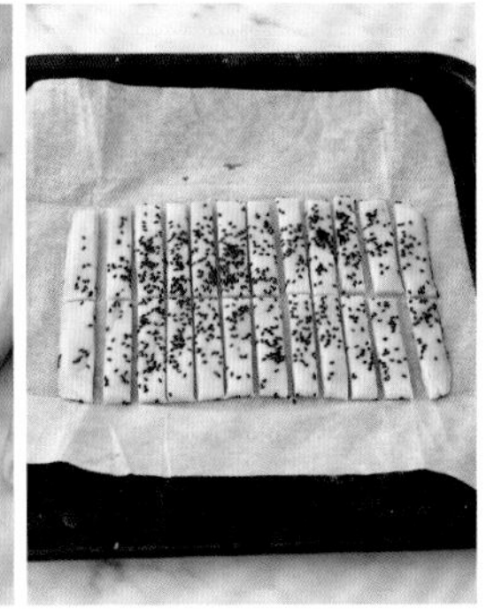

连同油纸一起放进烤盘，将烤盘放入 180℃的烤箱中，烘烤 10~12 分钟，直至上色。放置在铁丝散热网上冷却。

Basic

3
基础的无模具植物油挞（苹果核桃挞）

面团松弛，不需要醒面，易于制作。用蔗糖、枫糖浆、核桃、苹果混合制成馅料。馅料中加入少量杏仁粉，可以吸收苹果的水分。加入肉桂粉，味道更好。

材料（直径20cm的挞1个份）

低筋面粉…………………………… 100g
杏仁粉…………………………………… 10g
盐、泡打粉………………………… 各1小撮
| 蛋液…………………………… 1/2 个份
| 蔗糖…………………………………… 20g
| 菜籽油（或者太白芝麻油）…3 大匙

【馅料】

苹果………………… 2个（净重300g）
蔗糖……………………………… 2大匙
枫糖浆…………………………… 2大匙
杏仁粉…………………………… 1大匙
核桃…………………………………… 20g

提前准备

- 苹果去皮、去核，切成1.5cm见方的小块。
- 核桃用手掰碎。
- 油纸剪成适合烤盘的大小。
- 烤箱预热至180℃。

❶ 混合蛋液、蔗糖、菜籽油

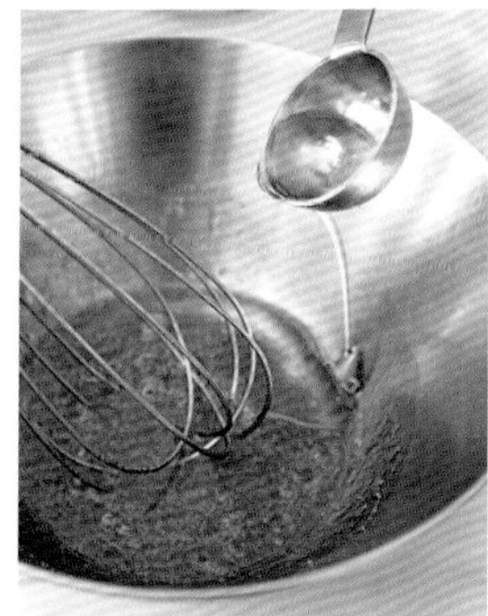

将蛋液和蔗糖倒入碗中，用手动打蛋器搅拌至蔗糖化开。一次性倒入全部菜籽油。

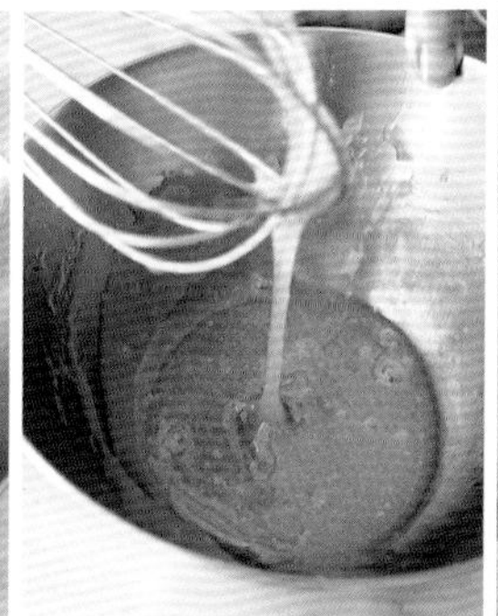

用手动打蛋器充分搅拌至黏稠、乳化。

＊搅拌至乳化状态，植物油分子会变小，更容易与面粉融合。

❷ 加入粉类

筛入低筋面粉、杏仁粉、盐、泡打粉。用硅胶刮刀切拌均匀。

＊粉量较多、难以融合时，建议用硅胶刮刀一边按压一边翻拌。

❸ 擀面皮，铺上苹果

切拌至没有干面粉，面团便制作完成了。

＊注意不要画圈搅拌，不然曲奇的口感会变硬，不够酥松。

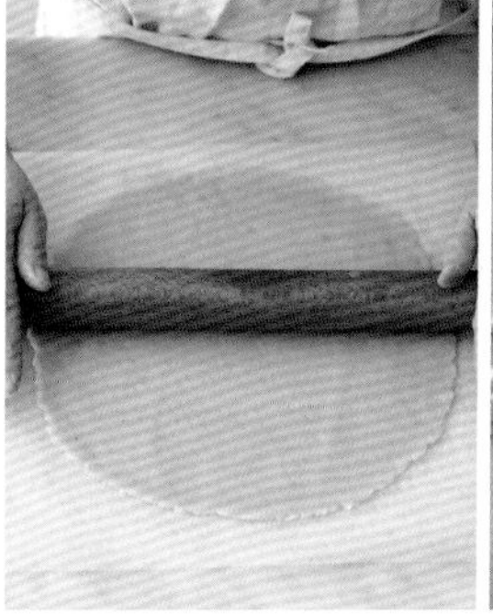

将面团放在油纸上，用擀面杖擀成直径24cm（厚3mm）的圆形面皮，用叉子在面皮上轻轻戳孔。

＊戳8~10个孔即可。

苹果块放入碗中，蔗糖、枫糖浆各取一半的量倒入碗中，加入杏仁粉、核桃块，混合均匀后平铺在面皮上。

将面皮边缘向内侧折叠2cm。

＊可以根据个人喜好捏出不同的造型（参照p17、p40、p48）。

❹ 烘烤

连同油纸一起放进烤盘中，混合剩余的蔗糖和枫糖浆，均匀淋在馅料上。将烤盘放入180℃的烤箱中烘烤15分钟，再调至170℃烘烤10~15分钟，烤至上色。

1.
花生酱巧克力块曲奇

因为使用了花生酱，所以植物油要少加一些。面团中加入大块巧克力，经典的美式风格曲奇。

制作方法⇒ p70

2.
黄豆粉蜂蜜曲奇

黄豆粉和蜂蜜的味道令人怀念。也可以使用枫糖浆制作这款曲奇。用模具压出花朵形状，可爱度倍增。

制作方法⇒p70

3.
白味噌芝麻曲奇

白味噌的甜味搭配芝麻酱的浓香，烘烤后弥漫着如同奶酪一般的香气。因为使用了白味噌，曲奇的颜色也变得非常漂亮。

制作方法⇒p71

4.
枫糖浆杏仁曲奇

用枫糖浆泡软杏干，同时也提升了枫糖浆的风味。曲奇外层的杏仁片容易烤焦，烘烤时要注意观察。杏仁片与曲奇搭配，味道非常赞。

制作方法⇒p71

5.
巧克力曲奇

面团中混入化开的烘焙用巧克力，再放入切碎的板状巧克力，双重美味令人满足。既可以用少许黑胡椒和肉桂代替盐，也可以涂抹橘皮果酱。

制作方法⇒p72

6.
姜味曲奇

粗砂糖的颗粒感加上姜香味，让人欲罢不能，非常令人怀念的味道。建议烘焙时将20g低筋面粉换为全麦粉。

制作方法⇒p72

7. 南瓜枫糖浆挞

这款挞虽然朴实无华，却能充分品尝到南瓜的甜味。枫糖浆甜度适中，再加上杏仁片和肉桂的风味，香飘四溢。能同时享受南瓜的软糯和挞皮的清脆口感，一定要现烤现吃哦。

制作方法⇒ p73

8.
红薯朗姆酒葡萄干挞

红薯奶油与朗姆酒葡萄干搭配，尽显成熟的味道。用烤箱烘烤的红薯味道浓郁，请根据红薯的甜度和水分调节砂糖和鲜奶油的用量。

制作方法⇒p73

1. 花生酱巧克力块曲奇 不加蛋

材料（直径5cm的曲奇12个份）

低筋面粉…………………………… 110g
泡打粉……………………………1小撮
花生酱（微甜、含花生颗粒）… 30g
蔗糖……………………………… 40g
豆浆（无添加）……………2½ 大匙
菜籽油………………………2½ 大匙
板状巧克力……………… 1板（50g）

提前准备

- 将板状巧克力逐格掰两半。
- 油纸平铺在烤盘上。
- 烤箱预热至180℃。

做法

❶ 将花生酱、蔗糖、豆浆倒入碗中，用手动打蛋器搅打均匀，加入菜籽油，继续搅拌至充分混合。

❷ 筛入低筋面粉、泡打粉，用硅胶刮刀切拌均匀，切拌至没有干面粉时加入巧克力，继续充分搅拌。

❸ 将面团分成 12 等份，用手搓圆，轻轻按压成直径 5cm 的小圆饼，并列摆放在烤盘上，将烤盘放入180℃的烤箱中，烘烤 15 分钟左右。

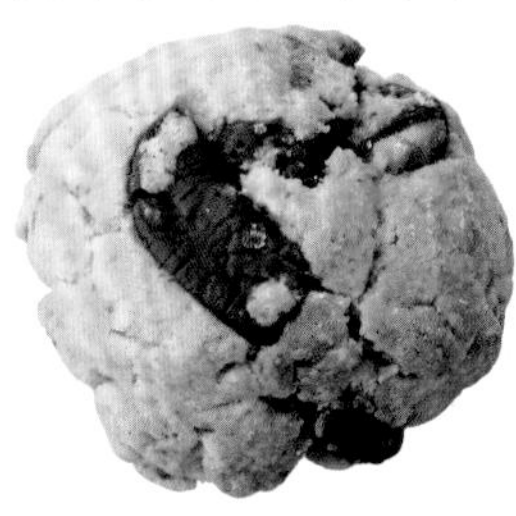

"SKIPPY"花生酱带有浓郁的坚果香，也可使用柔滑花生酱。做棒棒鸡时可以用花生酱代替芝麻酱，非常方便。

2. 黄豆粉蜂蜜曲奇 不加蛋

材料（直径4.5cm的菊花形曲奇22个份）

低筋面粉……………………………… 90g
黄豆粉………………………………… 10g
泡打粉……………………………1小撮
豆浆（无添加）…………… 1 大匙
蔗糖………………………………… 20g
菜籽油……………………… 3 大匙
蜂蜜……………………… 2 小匙

提前准备

- 油纸平铺在烤盘上。
- 烤箱预热至180℃。

做法

❶ 将豆浆、蔗糖倒入碗中，用手动打蛋器搅打均匀，倒入菜籽油和蜂蜜，继续搅拌至充分混合。

❷ 筛入低筋面粉、黄豆粉、泡打粉，用硅胶刮刀充分切拌至没有干面粉。

❸ 用 2 片保鲜膜上下包住面团，用擀面杖将面团擀成厚 3mm 的面饼，用模具压出菊花形的小面饼（a），并列摆放在烤盘上，将烤盘放入 180℃的烤箱中，烘烤 10~12 分钟。

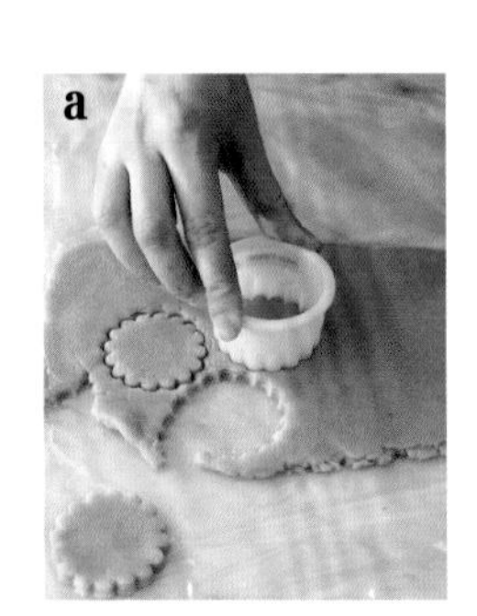

3. 白味噌芝麻曲奇 不加蛋

材料（边长5cm的曲奇30个份）

低筋面粉……90g
泡打粉……1小撮
| 白芝麻酱……2大匙
| 白味噌……1大匙
| 豆浆（无添加）……1大匙
| 蔗糖……30g
| 菜籽油……2大匙
白芝麻粉……1大匙

提前准备

· 油纸剪成适合烤盘的大小。
· 烤箱预热至180℃。

做法

❶ 将白芝麻酱、白味噌、豆浆、蔗糖倒入碗中，用手动打蛋器搅打均匀，加入菜籽油，继续搅拌至充分混合。

❷ 筛入低筋面粉、泡打粉，用硅胶刮刀充分切拌至没有干面粉。

❸ 将油纸折叠成长 20cm、宽 12cm 的长方形，包住面团后翻面，用擀面杖将面团擀成厚 3mm 的面饼，用刀纵向切 5 等份、横向切 3 等份，再斜着切两半（a），稍微留出空隙。连同油纸一起放进烤盘，表面撒上芝麻粉，将烤盘放入 180℃的烤箱中，烘烤 10~12 分钟。

4. 枫糖浆杏仁曲奇 加蛋

材料（直径3cm的曲奇20个份）

低筋面粉……110g
杏仁粉……10g
泡打粉……1小撮
| 蛋液……1/2个份
| 黄砂糖（或者蔗糖）……20g
| 菜籽油……3大匙
| 枫糖浆……1大匙
| 杏干……20g
| 枫糖浆……1大匙
杏仁片……30g

提前准备

· 杏干切成7~8mm见方的小块，浸泡在枫糖浆里，盖上保鲜膜，放进微波炉（600W）中加热30秒（a）。
· 油纸平铺在烤盘上。
· 烤箱预热至170℃。

做法

❶ 将蛋液、黄砂糖倒入碗中，用手动打蛋器搅打均匀，倒入菜籽油和枫糖浆，继续搅拌至充分混合。

❷ 筛入低筋面粉、泡打粉，用硅胶刮刀切拌至没有干面粉，加入预先准备好的杏干枫糖浆，继续搅拌至充分混合。

❸ 取少量面团揉搓成直径 3cm 的面球，裹上杏仁片（b），并列摆放在烤盘上，将烤盘放入 170℃的烤箱中，烘烤 12 分钟左右。

5. 巧克力曲奇 加蛋

材料（4cm见方的曲奇12个份）

低筋面粉……………………………… 65g
杏仁粉……………………………… 10g
泡打粉…………………………… 1小撮
| 烘焙用巧克力（苦味）………… 30g
| 菜籽油……………………… 2大匙
| 蛋黄…………………………… 1个
| 蔗糖……………………………… 30g
板状巧克力（苦味）… 2/5板（20g）*
装饰用岩盐（或者粗盐）……… 少量

*也可以用烘焙用巧克力代替。

提前准备

· 板状巧克力切碎。
· 油纸剪成适合烤盘的大小。
· 烤箱预热至170℃。

做法

❶ 将切碎的烘焙用巧克力、菜籽油倒入碗中，隔水加热（锅内倒入3cm深的开水，将碗底置于水中），一边加热一边用硅胶刮刀搅拌，使巧克力与菜籽油充分混合（a）。冷却后倒入蛋黄和蔗糖，用手动打蛋器搅打均匀。

❷ 筛入低筋面粉、杏仁粉、泡打粉，用硅胶刮刀切拌至没有干面粉，加入板状巧克力，继续搅拌至充分混合。

❸ 将油纸折叠成长16cm、宽12cm的长方形，包住面团后翻面，用擀面杖将面团擀成厚5mm的面饼，用刀横向切3等份、纵向切4等份，稍微留出空隙。连同油纸一起放进烤盘，表面撒上岩盐，将烤盘放入170℃的烤箱中，烘烤12~15分钟。

6. 姜味曲奇 加蛋

材料（边长10cm的曲奇12个份）

低筋面粉…………………………… 110g
杏仁粉……………………………… 10g
泡打粉…………………………… 1小撮
| 蛋液………………………… 1/2个份
| 蔗糖……………………………… 30g
| 菜籽油……………………… 3大匙
| 姜泥………………………… 2小匙
粗砂糖…………………………… 1大匙

提前准备

· 油纸剪成适合烤盘的大小。
· 烤箱预热至170℃

做法

❶ 将蛋液、蔗糖倒入碗中，用手动打蛋器搅打均匀，加入菜籽油和姜泥，继续搅拌至充分混合。

❷ 筛入低筋面粉、杏仁粉、泡打粉，用硅胶刮刀充分切拌至没有干面粉。

❸ 将面团放在油纸上，用擀面杖擀成直径18cm（厚5mm）的圆形面饼，撒上粗砂糖，用擀面杖压实。用刀将面饼切成12等份的扇形面片（a），稍微留出空隙。连同油纸一起放进烤盘，将烤盘放入170℃的烤箱中，烘烤10~12分钟。

粗糖的颗粒感明显，品尝的时候甜味会在口中扩散，用它制成的粗点心味道丰富。也多用于炖菜或泡红茶。

7. 南瓜枫糖浆挞 挞

材料（直径12cm的挞2个份）

低筋面粉……………………………… 100g
杏仁粉………………………………… 10g
盐、泡打粉……………………… 各1小撮
蛋液…………………………… 1/2 个份
蔗糖……………………………………… 20g
菜籽油………………………… 3 大匙

【馅料】

南瓜……………… 1/4个（净重200g）
枫糖浆……………………………… 2大匙
杏仁片……………………………… 1小匙
装饰用枫糖浆、肉桂粉……… 各适量

提前准备

· 油纸剪成边长18cm的正方形，准备2张。
· 烤箱预热至180℃。

做法

❶ 将蛋液、蔗糖倒入碗中，用手动打蛋器搅打均匀，倒入菜籽油，继续搅拌至充分混合。筛入低筋面粉、杏仁粉、盐、泡打粉，用硅胶刮刀切拌至没有干面粉。

❷ 将面团分成 2 等份，分别放在油纸上，用擀面杖擀成直径 16cm（厚 3mm）的圆形挞皮，用叉子轻轻戳孔。

❸ 南瓜不去皮，切成厚 5mm 的适口大小，随意摆放在挞皮上，挞皮边缘向内折叠 2cm，淋上枫糖浆（a），撒上杏仁片。连同油纸一起放进烤盘，将烤盘放入 180℃的烤箱中，烘烤 20~25 分钟。烤制完成后淋适量枫糖浆，撒上少许肉桂粉。

*南瓜包上保鲜膜，放在微波炉（600W）中加热 1 分钟，这样比较容易切开。

a

8. 红薯朗姆酒葡萄干挞 挞

材料（12cm见方的挞2个份）

【挞皮】同上
装饰用细砂糖………………………… 2小匙

【红薯奶油】

红薯………………………… 1个（300g）
鲜奶油…………………………… 100mL
蔗糖……………………………………… 60g

【朗姆酒葡萄干】

葡萄干………………………………… 20g
朗姆酒……………………………… 1大匙

提前准备

· 将朗姆酒和葡萄干放进耐热容器中，盖上保鲜膜，放进微波炉（600W）加热30秒，冷却。
· 油纸剪成边长20cm的正方形，准备2张。

做法

❶ 制作红薯奶油。红薯不去皮，包上锡箔纸，放入 180℃的烤箱中烘烤 25 分钟，取 2/3 的红薯趁热剥皮并碾碎，加入鲜奶油和砂糖，搅拌至顺滑（a）。剩余 1/3 的红薯不去皮，切成 1.5cm 见方的小块。烤箱预热至 180℃。

❷ 挞坯的制作方法参照上方步骤❶❷。将挞坯分成 2 等份，分别放在油纸上，用擀面杖擀成直径 18cm（厚 3mm）的圆形挞皮，用叉子轻轻戳孔。

❸ 将步骤❶制作的红薯奶油涂抹在挞皮上，挞皮边缘向上折叠，折成边长 12cm 的正方形（b），捏出边角的造型。撒上朗姆酒葡萄干，铺上切成小块的红薯，连同油纸一起放进烤盘，撒上一层细砂糖，放入 180℃的烤箱中，烘烤 25 分钟左右。

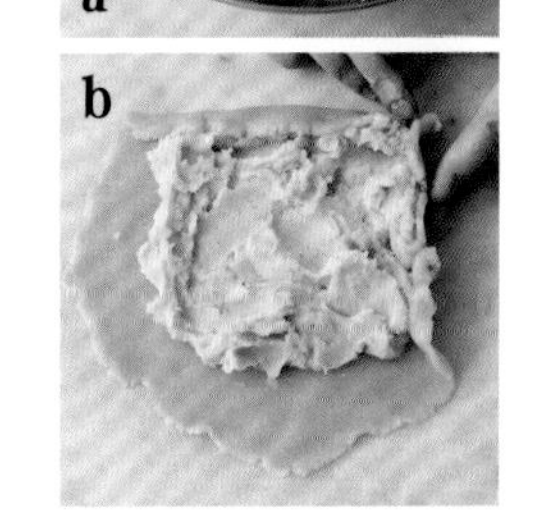
a
b

9.
椰蓉芒果曲奇

芒果干用热水泡软，混入曲奇面团中，就制成了这款软曲奇。加入味道相合的椰蓉提升层次感，含油曲奇中我最喜欢的就是它。

制作方法⇒ p78

10.
黑糖碧根果曲奇

加入切成小块的黑糖烘烤，成品口感酥脆、美味无比。将碧根果换成花生，味道纯朴；换成核桃，味道浓郁。

制作方法⇒ p78

11. 香蕉核桃意式脆饼

熟透的香蕉充分碾碎，经过两次烘烤，意式脆饼便制作完成了，非常简单。表面撒上1大匙蔗糖后再烘烤，也可以加入果干，味道好极了。

制作方法⇒p79

12. 可可粉白巧克力意式脆饼

制作这款脆饼的秘诀是加入切成大块的白巧克力。烘烤后的白巧克力会变成乳白色，带有焦糖般的味道，除了搭配微苦的可可粉面团外，也可以搭配酸甜的蔓越莓。

制作方法⇒p79

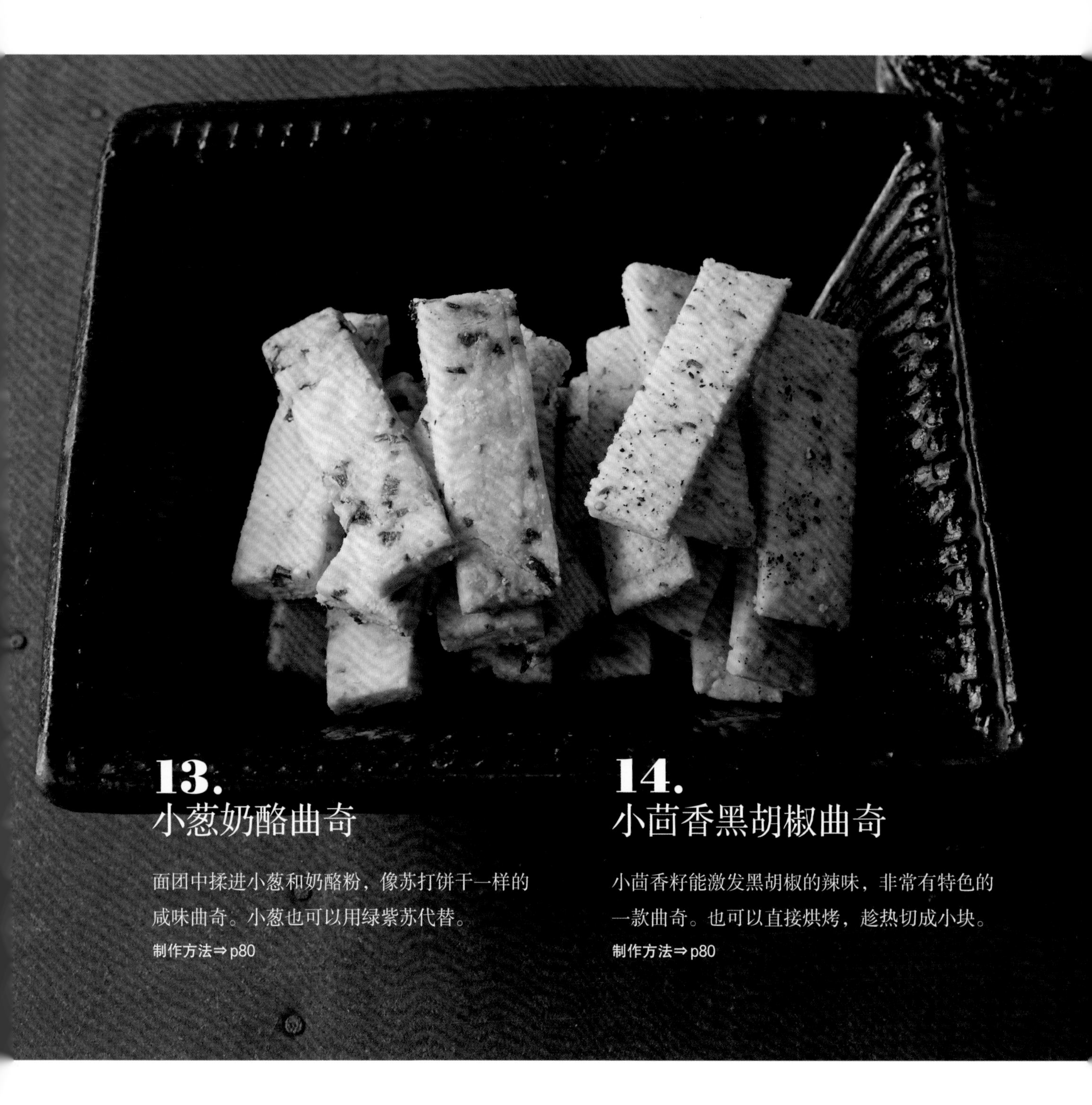

13.
小葱奶酪曲奇

面团中揉进小葱和奶酪粉，像苏打饼干一样的咸味曲奇。小葱也可以用绿紫苏代替。

制作方法⇒ p80

14.
小茴香黑胡椒曲奇

小茴香籽能激发黑胡椒的辣味，非常有特色的一款曲奇。也可以直接烘烤，趁热切成小块。

制作方法⇒ p80

15.
土豆苹果蓝纹奶酪挞

可以当成小吃的一款挞，酸甜的苹果搭配咸味的蓝纹奶酪，风味独特。也可以用卡芒贝尔奶酪制作这款挞。类似比萨一样的挞皮，可以搭配多种馅料。

制作方法⇒ p81

9. 椰蓉芒果曲奇 不加蛋

材料（直径3cm的曲奇24个份）

低筋面粉……………………………… 90g
泡打粉……………………………… 1小撮
| 豆浆（无添加）…………… 1 大匙
| 蔗糖………………………………… 40g
| 菜籽油…………………………3½ 大匙
椰蓉………………………………… 30g
芒果干……………………………… 30g

提前准备

· 芒果干切成7mm见方的小块，用温开水浸泡5分钟，将水倒掉。
· 油纸平铺在烤盘上。
· 烤箱预热至180℃。

做法

❶ 将豆浆、蔗糖倒入碗中，用手动打蛋器搅打均匀，倒入菜籽油，继续搅拌至充分混合。

❷ 筛入低筋面粉、泡打粉，加入椰蓉，用硅胶刮刀切拌至没有干面粉。

❸ 将面团分成 24 等份，每份的正中间塞入 1~2 块芒果，用手揉搓成直径 2.5cm 的面球（a），并排放在烤盘上，将烤盘放入 180℃的烤箱中，烘烤 10~12 分钟。

a

10. 黑糖碧根果曲奇 不加蛋

材料（直径3cm的曲奇20个份）

低筋面粉…………………………… 110g
泡打粉……………………………… 1小撮
| 豆浆（无添加）…………… 1 大匙
| 蔗糖………………………………… 20g
| 菜籽油…………………………3½ 大匙
黑砂糖（块状，如图a）………… 20g
碧根果（或者核桃、花生）……… 30g

提前准备

· 黑砂糖切成7~8mm见方的小块。
· 碧根果切碎。
· 油纸平铺在烤盘上。
· 烤箱预热至180℃。

做法

❶ 将豆浆、蔗糖倒入碗中，用手动打蛋器搅打均匀，倒入菜籽油，继续搅拌至充分混合。

❷ 筛入低筋面粉、泡打粉，用硅胶刮刀切拌至没有干面粉，加入黑砂糖和碧根果，继续搅拌至充分混合。

❸ 将面团揉搓成直径 3cm 的面球，并排放在烤盘上，将烤盘放入 180℃的烤箱中，烘烤 10~12 分钟。

a

碧根果与核桃相比，苦味稍淡，口感较温和。富含多种抗氧化物质，有食疗保健的作用，做沙拉或者炒菜时放几颗，非常美味。

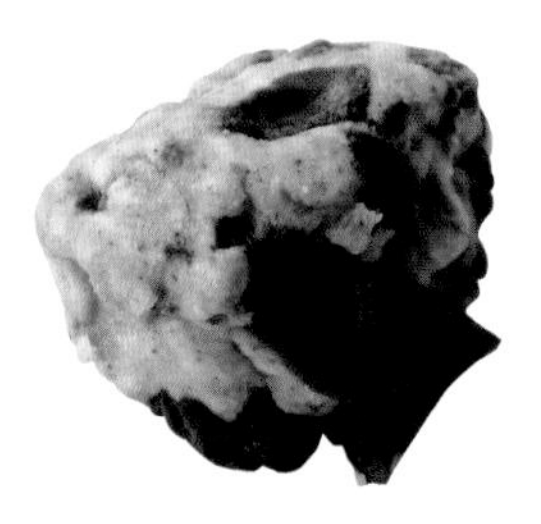

11. 香蕉核桃意式脆饼

材料（长11cm的脆饼10个份）

| 低筋面粉………………………… 150g
| 泡打粉……………………… 1/3 小匙

香蕉（熟透的）…… 1根（净重70g）

鸡蛋…………………………………… 1个

蔗糖……………………………… 3½大匙

核桃…………………………………… 30g

提前准备

- 核桃用手掰两半或4等份。
- 油纸平铺在烤盘上。
- 烤箱预热至180℃。

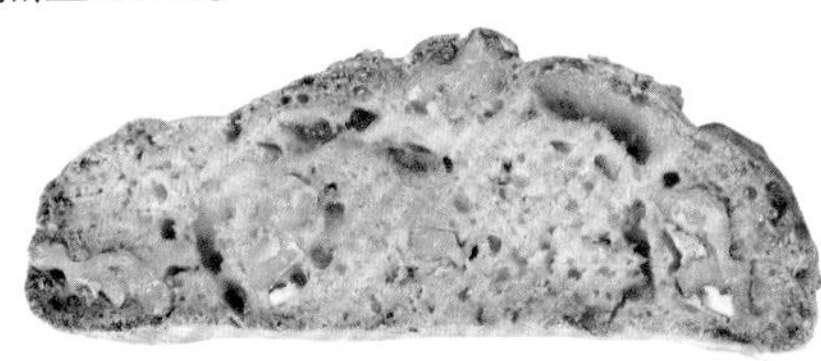

做法

❶ 将香蕉放入碗中，用手动打蛋器打成糊，倒入鸡蛋和蔗糖，继续搅拌至充分混合。

❷ 筛入低筋面粉、泡打粉，用硅胶刮刀切拌至没有干面粉，加入核桃，继续搅拌至充分混合。

❸ 将面团放在烤盘上，撒少量低筋面粉（配方外），用手将面团整理成 10cm×15cm 的海参状（a），将烤盘放入 180℃的烤箱中，烘烤 20 分钟左右。冷却至不烫手时，用刀切成厚 1.5cm 的片状（b），切面朝上并排放在烤盘中（c），将烤盘放入预热好的 160℃烤箱中，烘烤 15~20 分钟。

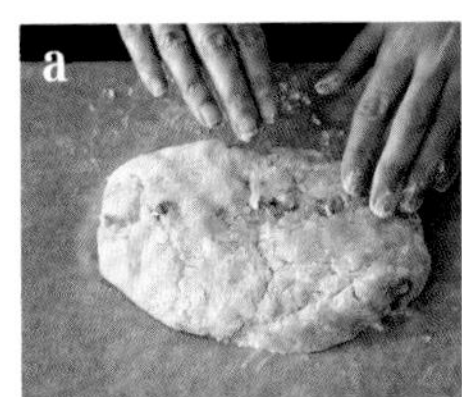

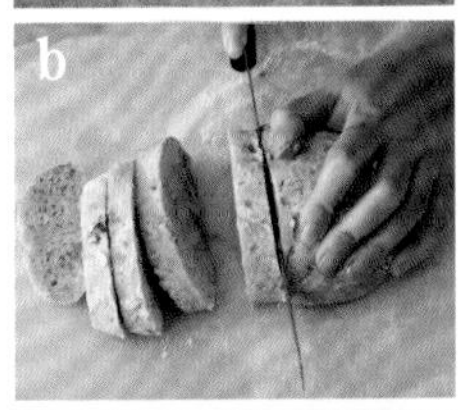

12. 可可粉白巧克力意式脆饼

材料（长7cm的脆饼15个份）

| 低筋面粉………………………… 110g
| 可可粉…………………………… 10g
| 泡打粉……………………… 1/4 小匙

鸡蛋…………………………………… 1个

蔗糖………………………………… 3大匙

板状巧克力（白巧克力）…3/4板（30g）

蔓越莓干……………………………… 30g

提前准备

- 板状巧克力切成1cm见方的小块。
- 蔓越莓干用开水浸泡后将水倒掉。
- 油纸平铺在烤盘上。
- 烤箱预热至180℃。

做法

❶ 将鸡蛋打入碗中，倒入蔗糖，用手动打蛋器搅拌至充分混合。

❷ 筛入低筋面粉、可可粉、泡打粉，用硅胶刮刀切拌至没有干面粉，加入巧克力和蔓越莓，继续搅拌至充分混合。

❸ 将面团放在烤盘上，撒少量低筋面粉（配方外），用手将面团整理成 6cm×23cm 的海参状（a），将烤盘放入 180℃的烤箱中，烘烤 20 分钟左右。冷却至不烫手时，用刀切成厚 1.5cm 的片状（b），断面朝上并排放在烤盘中（c），将烤盘放入预热好的 160℃烤箱中，烘烤 15~20 分钟。

蔓越莓干的颜色像红宝石一样，红彤彤很是可爱。味道酸酸甜甜，适合与可可粉面团搭配。如果没有蔓越莓干，也可以用杏干代替。

13. 小葱奶酪曲奇 不加蛋

材料（2cm×7cm的曲奇16个份）

低筋面粉…………………………110g
盐………………………………1/4小匙
泡打粉……………………………1小撮
豆浆（无添加）……………1大匙
蔗糖…………………………1小匙
菜籽油………………………3½大匙
小葱……………………………3~4根
奶酪粉……………………………2大匙

提前准备

- 小葱切碎。
- 油纸剪成适合烤盘的大小。
- 烤箱预热至180℃。

做法

❶ 将豆浆、蔗糖倒入碗中，用手动打蛋器搅打均匀，倒入菜籽油，继续搅拌至充分混合。

❷ 筛入低筋面粉、盐、泡打粉，用硅胶刮刀切拌至没有干面粉，加入切碎的小葱和奶酪粉，继续搅拌至充分混合。

❸ 将油纸折叠成长16cm、宽14cm的长方形，包住面团后翻面，用擀面杖将面团擀成厚4mm的面饼，用刀纵向切8等份、横向切2等份（a），稍微留出空隙。连同油纸一起放进烤盘，将烤盘放入180℃的烤箱中，烘烤10~12分钟。

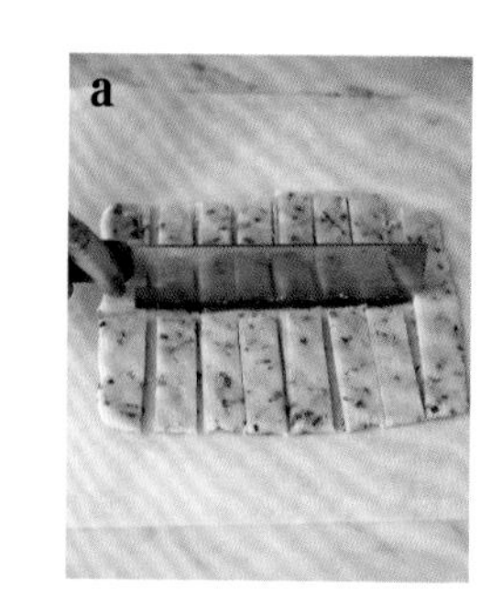

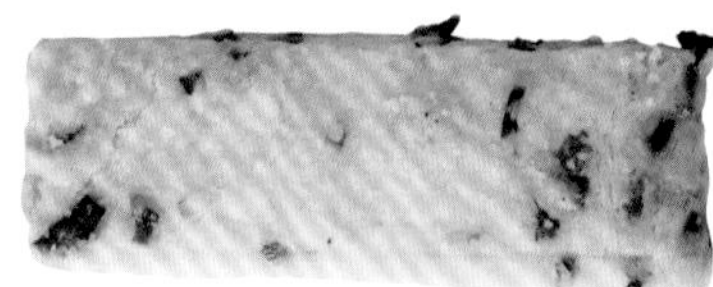

14. 小茴香黑胡椒曲奇 不加蛋

材料（2cm×7cm的曲奇16个份）

低筋面粉…………………………110g
盐………………………………1/3小匙
泡打粉……………………………1小撮
豆浆（无添加）……………1大匙
蔗糖…………………………1小匙
菜籽油………………………3½大匙
小茴香籽………………………2/3小匙
粗碾黑胡椒………………………少量

提前准备

- 油纸剪成适合烤盘的大小。
- 烤箱预热至180℃。

做法

❶ 将豆浆、蔗糖倒入碗中，用手动打蛋器搅打均匀，倒入菜籽油，继续搅拌至充分混合。

❷ 筛入低筋面粉、盐、泡打粉，用硅胶刮刀切拌至没有干面粉。

❸ 将油纸折叠成长16cm、宽14cm的长方形，包住面团后翻面，用擀面杖将面团擀成厚4mm的面饼，撒上粗碾黑胡椒，用刀纵向切8等份、横向切2等份，稍微留出空隙。连同油纸一起放进烤盘，将烤盘放入180℃的烤箱中，烘烤10~12分钟。

小茴香籽的香气让人联想到咖喱。也可以用咖喱粉代替小茴香籽。跟盐一起撒在冷冻的挞坯上，将挞坯切成棒状再烘烤。

15. 土豆苹果蓝纹奶酪挞 挞

材料（直径21cm的挞1个份）

低筋面粉………………………… 110g
盐……………………………… 1/4小匙
泡打粉…………………………… 1小撮
| 豆浆（无添加）…………… 1 大匙
| 蔗糖………………………… 1 小匙
| 橄榄油……………………… 3½ 大匙
奶酪粉…………………………… 1大匙

【馅料】

土豆……………………… 2个（200g）
苹果…………………… 1/2个（100g）
蓝纹奶酪……………………………… 30g
鲜奶油…………………………… 50mL
盐、胡椒粉、肉豆蔻粉……… 各少量

提前准备

- 土豆去皮，切成厚4mm的圆片。苹果对半切开，去核，分别切成厚4mm的扇形薄片，再对半切开。
- 油纸剪成适合烤盘的大小。
- 烤箱预热至170℃。

做法

❶ 将豆浆、蔗糖倒入碗中，用手动打蛋器搅打均匀，倒入橄榄油，继续搅拌至充分混合。

❷ 筛入低筋面粉、盐、泡打粉和奶酪粉，用硅胶刮刀切拌至没有干面粉。

❸ 将面团放在油纸上，用擀面杖擀成直径21cm（厚3mm）的圆形挞皮，用叉子轻轻戳孔。

❹ 按一圈土豆、一圈苹果的顺序交叠摆放馅料（a），挞皮边缘向上折起1.5cm（b），撒上盐、胡椒粉、肉豆蔻粉，连同油纸一起放进烤盘。撒上切成小块的蓝纹奶酪，淋上鲜奶油（c），将烤盘放入170℃的烤箱中，烘烤25分钟左右。夏天放在冰箱里冷藏保存，食用前从冰箱里取出，放在室温下回温，或者放在烤箱中加热。

a

b

c

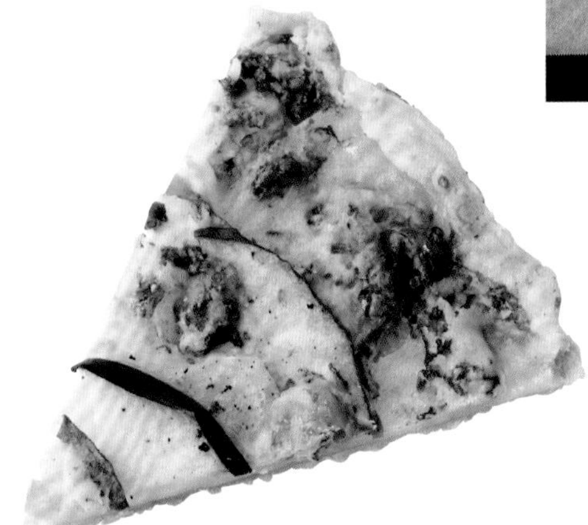

16.
可可果酱夹心曲奇

使用可可豆制作面团，即使不添加黄油，也十分美味。烤好后趁热夹入巧克力块，就变成了巧克力夹心曲奇。

制作方法⇒p86

17.
格兰诺拉麦片棒

喜欢的干果、坚果尽在其中，加入蜂蜜和少量植物油烘烤，就制成了香脆可口的格兰诺拉麦片棒。刚出炉的麦片棒比较软，冷却后就会变松脆。

制作方法⇒p86

18.
金橘杏仁挞

用酸奶油和杏仁粉制作的酸味挞。可以用橙子、罐头黄桃、果干等代替糖煮金橘。

制作方法⇒ p87

19.
酸奶奶油双芒果挞

将鲜奶油和泡软的芒果干混入杏仁奶油中烘烤而成的挞。加了酸奶的奶油与新鲜的芒果搭配，非常富有创意。

制作方法⇒ p87

16. 可可果酱夹心曲奇 加蛋

材料（直径4.5cm的夹心曲奇9个份）

低筋面粉…… 90g
可可粉…… 10g
泡打粉…… 1小撮
蛋黄…… 1个
蔗糖…… 40g
菜籽油…… 3大匙
覆盆子果酱（或者柑橘酱）…… 适量

提前准备

・油纸平铺在烤盘上。
・烤箱预热至170℃。

做法

❶ 将蛋黄、蔗糖倒入碗中，用手动打蛋器搅打均匀，倒入菜籽油，继续搅拌至混合均匀。

❷ 筛入低筋面粉、可可粉、泡打粉，用硅胶刮刀切拌至没有干面粉。

❸ 用2片保鲜膜上下包住面团，用擀面杖将面团擀成厚3mm的面饼，用圆形模具取出圆形小面饼，将小面饼并列摆放在烤盘上，将烤盘放入170℃的烤箱中，烘烤10~12分钟，待曲奇冷却后，涂抹上1/2小匙果酱当夹心。

17. 格兰诺拉麦片棒

材料（3cm×13cm麦片棒6根份）

燕麦片…… 100g
低筋面粉…… 50g
杏仁片…… 20g
椰丝…… 20g
蛋白…… 1个份
菜籽油…… 3½大匙
蜂蜜…… 3大匙
蔗糖…… 1大匙
葡萄干、蔓越莓干、南瓜子… 各1大匙
盐…… 1小撮略多

提前准备

・油纸剪成适合烤盘的大小。
・烤箱预热至170℃

做法

❶ 将所有用料全部倒入碗中，用硅胶刮刀充分搅拌至混合均匀。

❷ 将面团放在油纸上，手持油纸按压面团，将面团整理成长18cm、宽13cm的长方形面饼（a），连同油纸一起放进烤盘，将烤盘放入170℃的烤箱中，烘烤25分钟左右。取出烤盘，将面饼切成宽3cm的棒状，重新放在烤盘上，面棒之间留出空隙，再放入烤箱中烘烤7~8分钟。

＊刚出炉的麦片棒比较软，冷却后口感松脆。

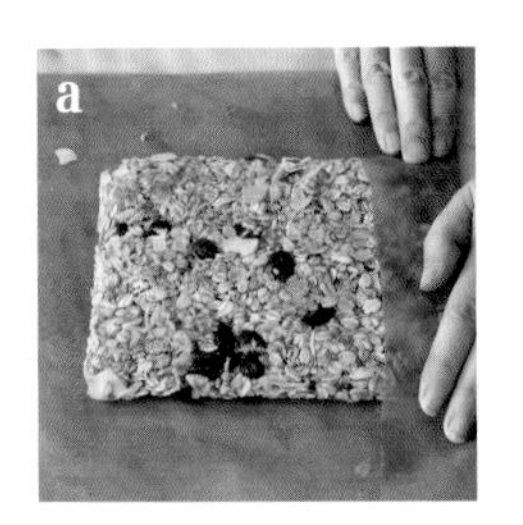

椰丝即切成细丝的椰肉，比细碎的椰蓉更有存在感，口感更佳。根据个人喜好选择即可。

18. 金橘杏仁挞 挞

材料（直径10cm的挞4个份）

【挞坯】同p73上

杏仁片……………………………… 1小匙

【糖煮金橘】

金橘…………………… 10个（约200g）

蔗糖……… 100g　水……… 200mL

【杏仁奶油】

酸奶油…… 90mL　杏仁粉………50g

蔗糖…………50g　低筋面粉…1大匙

鸡蛋…………………………………… 1个

提前准备

· 油纸剪成边长15cm的正方形，准备4张。

· 烤箱预热至180℃。

做法

❶ 制作糖煮金橘。金橘对半切开，用牙签去除金橘籽，小锅中倒入水，放入金橘用中火煮5分钟，加入蔗糖，改小火煮5~6分钟，冷却（a）。

❷ 制作杏仁奶油。将杏仁奶油的用料由上至下依次放入碗中，用手动打蛋器搅打均匀。

❸ 参照p73上方的步骤❶❷制作挞坯。将挞坯分成4等份，分别拉伸成直径13cm的圆形，轻轻戳孔，涂抹❷，放上5块金橘，撒上杏仁粉，挞皮边缘向内折叠1.5cm。连同油纸一起放进烤盘，将烤盘放入180℃的烤箱中，烘烤20分钟。将❶中剩余的糖浆稍微煮至浓稠，取2大匙淋在挞上。

a

19. 酸奶奶油双芒果挞 挞

材料（直径20cm的挞1个份）

【挞坯】同p73上

【芒果奶油】

芒果干（切成1cm见方的小块）…15g

鲜奶油……………………… 4大匙

杏仁粉………50g　低筋面粉…1大匙

蔗糖…………50g　鸡蛋……… 1个

【酸奶奶油】

原味酸奶……60g　蔗糖…… 2小匙

鲜奶油… 100mL　蜂蜜…… 1小匙

装饰用芒果、猕猴桃、橙子… 各适量

提前准备

· 将4大匙鲜奶油和芒果干混合，静置一晚（a）。

· 将酸奶倒在厨房用纸上，控水1个小时，取30g备用。

· 油纸剪成适合烤盘的大小。

· 烤箱预热至180℃。

做法

❶ 制作芒果奶油。将芒果奶油用料全部倒入碗中，用手动打蛋器搅打至均匀顺滑。

❷ 参照p73上方的步骤❶❷制作挞坯。将挞坯分成2等份，分别拉伸成直径24cm的圆形，轻轻戳孔，倒上❶，挞皮边缘向内折叠2cm。连同油纸一起放进烤盘，将烤盘放入180℃的烤箱中，烘烤20分钟左右（b）。

❸ 制作酸奶奶油。将蔗糖倒入碗中，加入打发好的鲜奶油、控过水的原味酸奶、蜂蜜，用硅胶刮刀充分搅拌至混合均匀。涂抹在冷却的挞上。最后摆上切好的水果（放入冰箱冷藏保存）。

a

b

图书在版编目（CIP）数据

东京制果名师的曲奇和水果挞 /（日）若山曜子著；杨彩群译 . -- 南昌：红星电子音像出版社，2019.7
ISBN 978-7-83010-214-2

Ⅰ. ①东… Ⅱ. ①若… ②杨… Ⅲ. ①饼干—制作
Ⅳ. ① TS213.22

中国版本图书馆 CIP 数据核字 (2019) 第 121370 号

责任编辑：黄成波
美术编辑：杨　蕾

东京制果名师的曲奇和水果挞
〔日〕若山曜子　著　　杨彩群　译

策划制作：北京书锦缘咨询有限公司（www.booklink.com.cn）
总 策 划：陈　庆
策　　划：滕　明
设计制作：柯秀翠

出版发行	红星电子音像出版社
地址	南昌市红谷滩新区红角洲岭口路 129 号 邮编：330038　电话：0791-86365613　86365618
印刷	北京美图印务有限公司
经销	各地新华书店
开本	210mm × 220mm　1/16
字数	68 千字
印张	5.5
版次	2019 年 11 月第 1 版　2019 年 11 月第 1 次印刷
书号	ISBN 978-7-83010-214-2
定价	49.80 元

赣版权登字 14-2019-315